今日から
モノ知り
シリーズ

トコトンやさしい

# 新幹線技術の本

辻村 功 著

新幹線がより速く、安全に運行するには、さまざまな技術なくしては実現できません。より高度な安全性や快適性も追求しながら、新幹線は日々進化を遂げています。

B&Tブックス
日刊工業新聞社

# はじめに

世界初の高速鉄道である新幹線が開業してから、半世紀以上の歳月が流れました。現在では九州から北海道まで日本列島を縦断し、沿線を移動する中長距離の旅には欠かせない存在で、年間輸送人員は4億人を超えています。開業以来、列車の運転そのものに起因する乗客の死亡事故が皆無という安全性、そして最高時速260～320㎞に達する安定した高速運転は、高度な技術によって支えられています。またそれらの技術のうち、乗客の目に触れるものはごく一部に限られています。本書は多岐にわたる新幹線技術について、書名の通りトコトンやさしく解説することを目指して執筆いたしました。

鉄道技術は、工学の分野だと土木・機械・電気などに跨っています。本書はそれらの分野に縁がなくても、一般的な基礎知識があれば理解できるようにまとめてあります。想定している年少の読者は鉄道や技術に興味がある中学生、そして大人なら誰でも理解できるよう配慮したつもりです。内容はかなり高度な領域まで踏み込んでいますので、新幹線を運行する鉄道事業者の新入社員教育にも、副読本として使えるレベルです。見開き左側のページには図・イラスト・写真を入れましたので、右側の本文を読まなくても、左側だけ紙芝居を観る感覚で目を通せば、あらすじは理解できると思います。

「乾電池の電気は直流ですか？　交流ですか？」もしこの質問に即答できない場合は、申し訳ありませんが電気の入門書（たとえば『トコトンやさしい電気の本』）を参考にするか、ネット情報の助けを借りてください。やさしく理解できるよう図解を多用しましたが、目に見えない電気は図解で表現できない部分もあり、難しい記述があるかもしれませんがお許しください。逆に著者自身に対して、「乾電池の電気は直流です」と即答できる読者には、それ以上の予備知識を求めてはいけないという課題を与えましたので、右側の本文が難しいと感じれば、左側のページに理解を助けるヒントがあるはずです。

本書の全9章のうち、技術の各論は第3章〜第8章です。第1章は新幹線誕生までの序章、第2章は新幹線開業後に遭遇した試練、そして第9章は安全確保へのたゆまぬ努力について記述しています。また世界の高速鉄道における新幹線の立ち位置についても若干触れています。なお技術分野のうち、高速運転や新幹線特有の制約条件に関わらない分野（たとえば指定席券の発券システム）については割愛しました。本書との出会いにより、新幹線に乗って湧いた疑問が「なるほど、そういうことか」と解けたり、四季折々の日本列島を疾走する新幹線の旅を、より身近なものに感じていただければ幸いです。

2021年5月

辻村　功

目次 CONTENTS

## 第1章 新幹線が誕生するまで



## 第2章 未知の時速200kmによる試練

## 第3章 快適な旅を支える技術



## 第4章 高速走行を安定させる技術

## 第5章 時速300km以上まで加速させる技術



## 第6章 高速からブレーキをかける技術



## 第7章 電気を送り込む技術

## 世界最高速度記録年表

この表は新幹線を中心に、発達の節目となる世界の鉄道の最高速度記録を年表にまとめたものです。いずれも高速試運転で樹立した記録ですから、実用できるかどうかは別の話です。

| 年月日 | 速度記録 | 国 | 車両など | 記事 |
|---|---|---|---|---|
| 1955. 3.29 | 331km/h | フランス | 電気機関車BB9004号(客車3両牽引) | 機関車 |
| 1960.11.21 | 175km/h | 日本 | 在来線試験車クモヤ93形(1両)<br>東海道本線　藤枝～島田 | 狭軌 |
| 1963. 3.30 | 256km/h | 日本 | 新幹線試作車B編成(4両編成)<br>東海道新幹線(開業前)鴨宮試験線 | |
| 1972. 2.24 | 286km/h | 日本 | 新幹線試験車951形(2両編成)<br>山陽新幹線(開業前)　西明石～姫路 | |
| 1972.12.18 | 318km/h | フランス | ガスタービン式TGV001 | 内燃機関 |
| 1979.12. 7 | 319km/h | 日本 | 新幹線試験車961形(6両編成)<br>東北新幹線(開業前)小山試験線 | |
| 1979.12.21 | 517km/h | 日本 | ML500(無人･1両)宮崎実験線 | 浮上式 |
| 1981. 2.26 | 380km/h | フランス | TGV No.16 | |
| 1988. 5. 1 | 406.9km/h | ドイツ | ICE試作車 | |
| 1990. 5.18 | 515.3km/h | フランス | TGV No.325 | |
| 1992. 8. 8 | 350.4km/h | 日本 | 新幹線試験車WIN350(6両編成)<br>山陽新幹線　小郡～新下関 | |
| 1993.12.21 | 425km/h | 日本 | 新幹線試験車STAR21(9両編成)<br>上越新幹線　燕三条～新潟 | |
| 1996. 7.26 | 443km/h | 日本 | 新幹線試験車300X(6両編成)<br>東海道新幹線　米原～京都 | 新幹線<br>最高記録 |
| 2003.12. 2 | 581km/h | 日本 | MLX01(有人･3両編成)山梨実験線 | 浮上式 |
| 2007. 4. 3 | 574.8km/h | フランス | TGV No.4402(5両編成)<br>東ヨーロッパ線　メス付近 | 鉄輪式<br>最高記録 |
| 2011. 1. 9 | 487.3km/h | 中国 | CRH380BL(12両編成8M4T) | |
| 2015. 4.21 | 603km/h | 日本 | L0系(有人･7両編成)山梨実験線 | 浮上式<br>最高記録 |

▶速度向上試験中のSTAR21
1993年

# 第1章

# 新幹線が誕生するまで

# 1 狭軌と敗戦を克服して

## 不利な条件から飛躍した歴史

明治政府で手腕を発揮した大隈重信《おおくましげのぶ》（1838〜1922年）は、晩年「狭軌《きょうき》の採用は一生の不覚だった」と述懐しました。日本初の鉄道が開通したのは1872（明治5）年でイギリスの技術を導入しましたが、軌間（線路の幅）の選定に際しては、建設費を削減するため狭軌1067㎜を採用しました。狭軌は標準軌1435㎜に対して輸送力や速度に限界があり、大隈は軌間を長い目で評価せず安易に決断したことに対して、後年大いに悔やんだわけです。

鉄道の軌間は、一度決めると簡単に変更することはできません。明治・大正・昭和と、標準軌への改軌は何回も提案され、改軌の試験も実施されましたが、建主改従（建設を優先、改軌は後回し）の政策は変わりませんでした。大正末期にはレールや車両などほぼ全ての国産化を達成し、日本の鉄道技術は高いレベルに達しましたが、時速100㎞を超える領域は未知の世界でした。

1945（昭和20）年に第二次世界大戦が終結、敗戦国となった日本では、海軍の多くの航空技術者が職を失いましたが、その優秀な技術者の受け皿になったのが鉄道でした。彼らは航空機の設計で培《つちか》った振動理論を応用し、それまで鉄道車両では重視されなかった振動を研究しました。そして、高速車両では避けて通れない台車の振動を解明し、新たな設計思想で台車が作られるようになったのです。そして在来線での高速試運転を経て、時速200㎞でも安定して走行できる台車が開発されたのです。

こうして歴史を振り返ると、明治維新における大隈の失敗がなかったら、新たに別線を建設してまで高速列車を走らせる発想は生まれなかったでしょう。また敗戦を経験せずに、従来の鉄道技術だけで高速列車を開発していたら、新幹線の実現まで遠回りしていたかもしれません。そこには「禍《わざわい》を転じて福となす」歴史があったのです。

**要点BOX**

- ●狭軌の在来線では不可能だった高速運転
- ●海軍の航空技術者がもたらした設計思想

## 明治維新における狭軌の採用

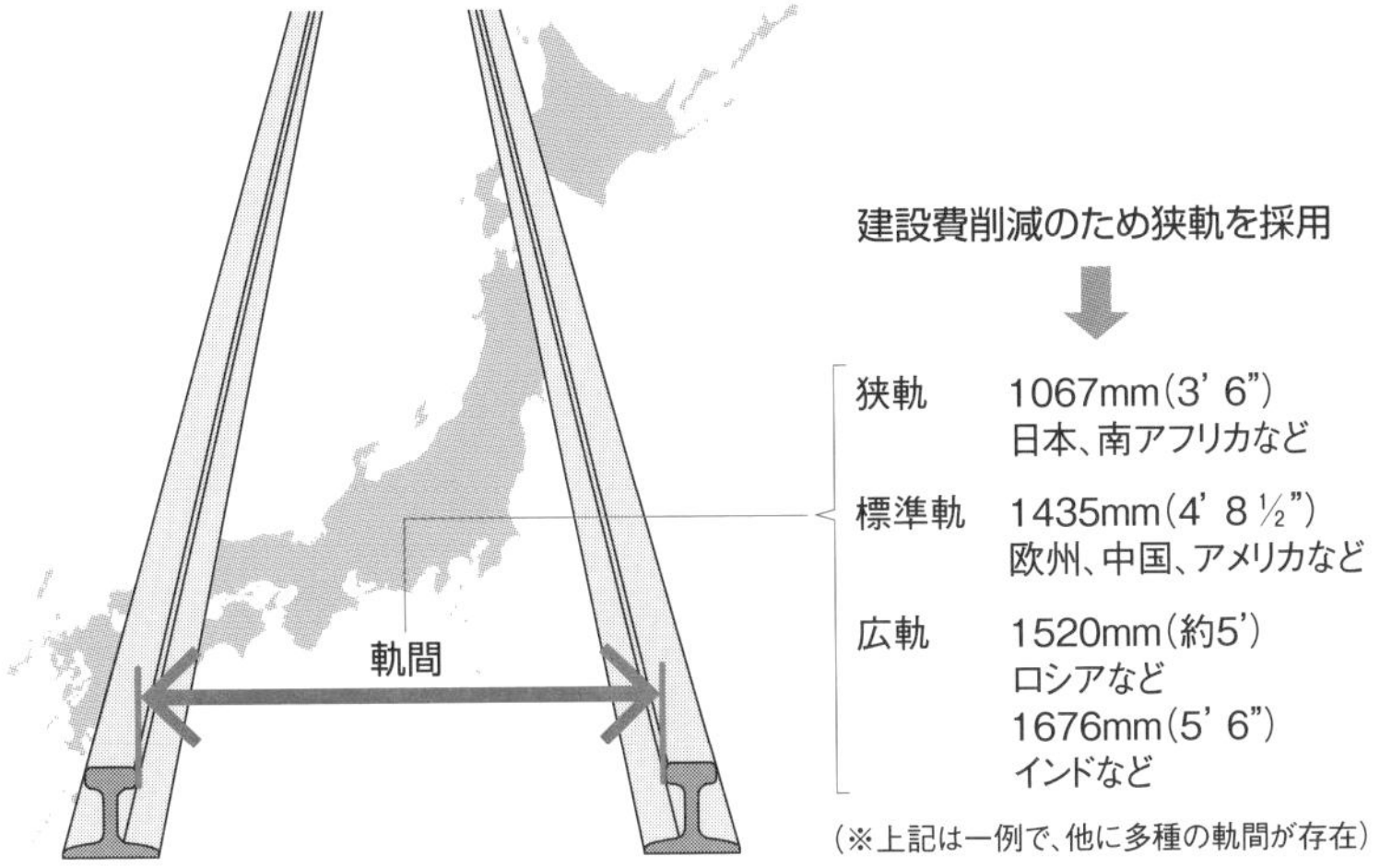


## 海軍の航空技術者が鉄道へ

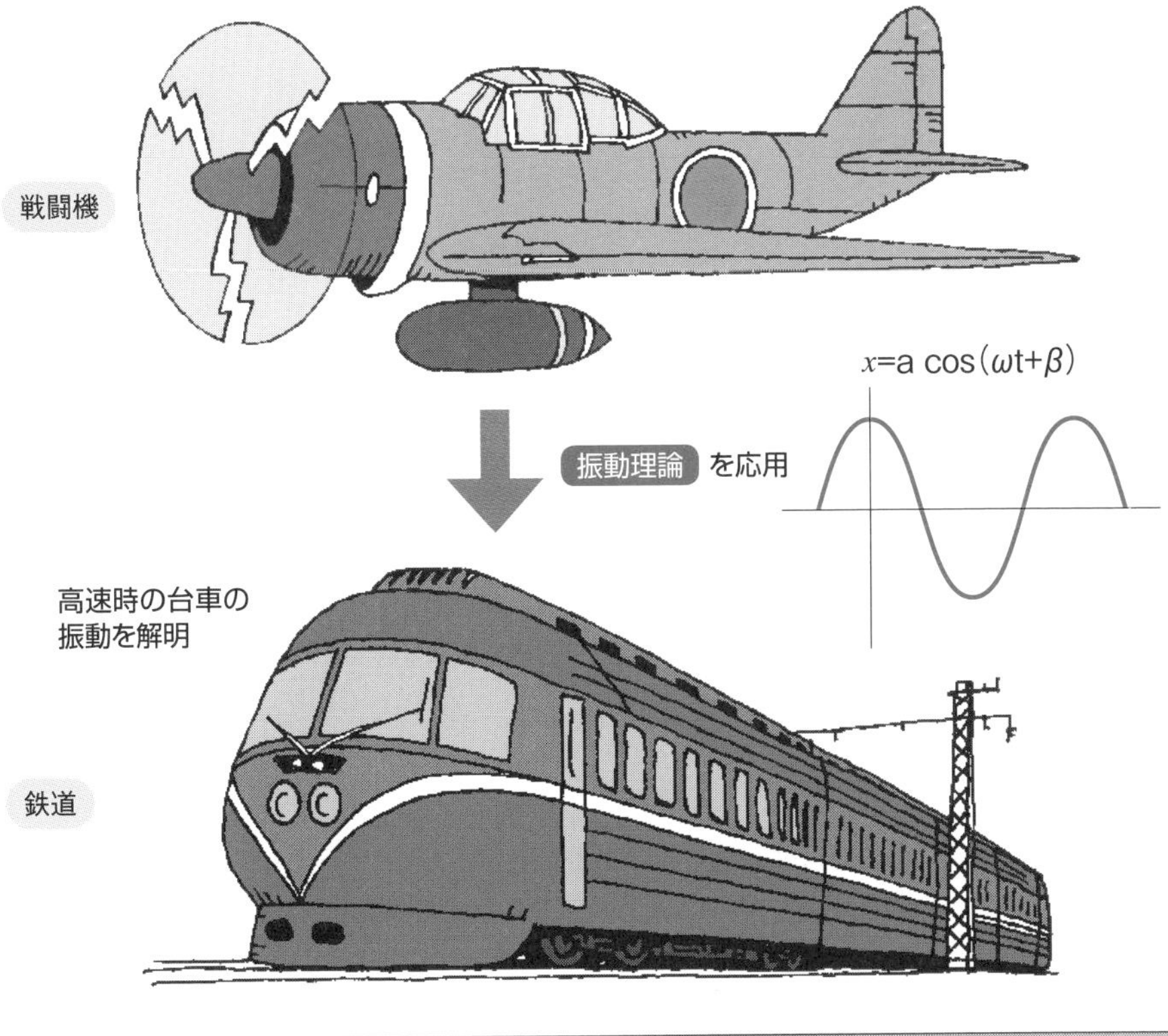

# 2 戦前の弾丸列車計画

新幹線の布石となるプロジェクト

「新幹線」とは「新しい幹線」のことで、高速鉄道という意味はありません。第二次世界大戦後の国土復興、そして経済成長へ向けて輸送能力が限界に達しつつある東海道本線をどうするか、それは１９５０年代の国鉄が抱える重要な課題でした。電化を進めるとともに複々線化を模索しましたが、従来の複線に並べて線路を敷設するか、全く別の複線を建設するかで意見が分かれていました。

新しい複線を建設するなら、線路の幅も広くしてなるべく真っ直ぐに敷設し、高速で旅客列車を走らせて在来線は貨物列車に譲ろう、それが「新幹線」の原点となる考え方でした。そして、そこには布石となる戦前のプロジェクト「弾丸列車計画」がありました。東京～下関間に標準軌（当時の表現では広軌）の高速鉄道を建設し、将来は海底トンネルを掘削して（当面は連絡船を使って）朝鮮半島や中国大陸まで列車を直通させようという遠大な計画でした。

「弾丸列車計画」は実行に移され、東海道区間では用地買収やトンネル掘削が始まりました。静岡県の日《に》本坂《ほんざか》トンネル（全長２・２㎞、現在の静岡～掛川間）は既に貫通、新丹那《しんたんな》トンネル（全長８㎞、現在の熱海～三島間）は戦争の激化により工事を中断しました。したがって、戦後になって「新幹線」が計画された時、その用地やトンネルを活用しない手はありませんでした。

「弾丸列車計画」は中国大陸まで直通させる計画でしたから、線路の幅や車両の断面は当時の南満洲鉄道に倣《なら》って決められました。そのことが21世紀に世界の高速鉄道の流れを変える要素になるのですが、それは後述します。この計画では現在の新幹線とは違い、機関車が客車を牽引《けんいん》する計画でしたが、最高時速は蒸気機関車牽引の場合１５０㎞、電気機関車牽引の場合２００㎞でした。その「弾丸列車計画」を基本にして、「東海道新幹線」は全線電化最高時速２１０㎞で計画されました。

**要点BOX**

- ●東海道本線の輸送力を増強する最善策
- ●大陸まで高速列車を直通させる遠大な計画
- ●用地が確保され貫通したトンネルもあった

## 弾丸列車計画路線図

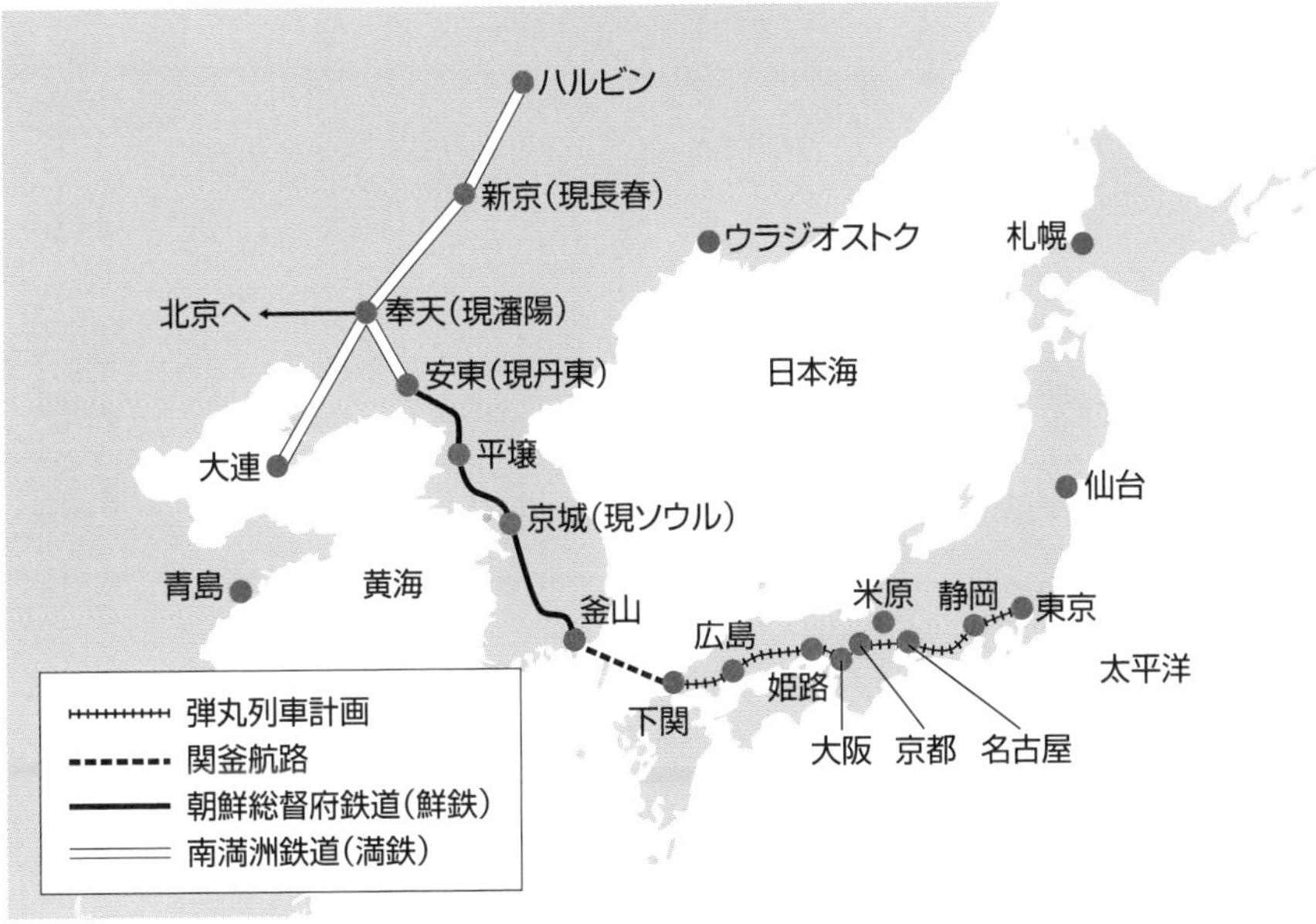


## 弾丸列車牽引用機関車

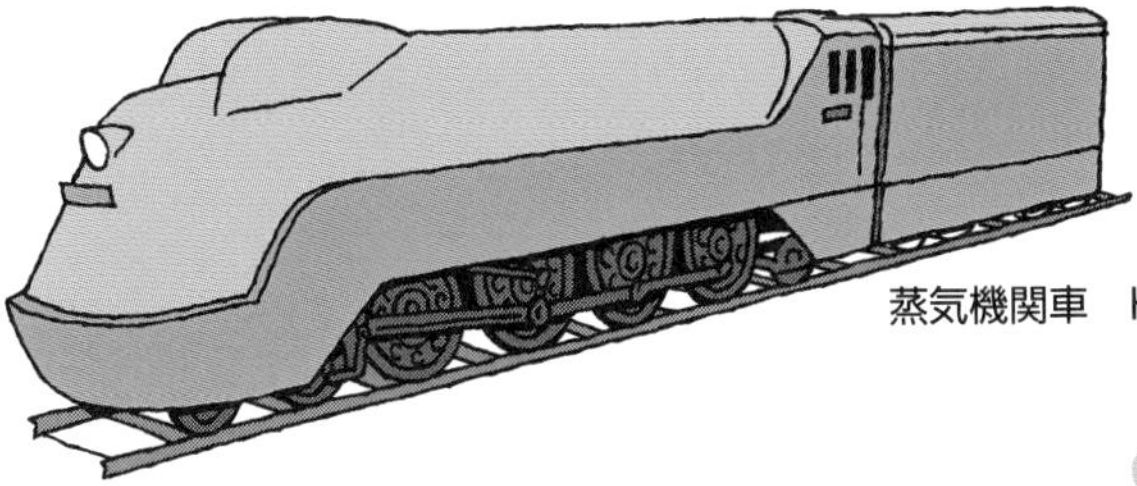

蒸気機関車　HD53

電化区間(直流3000V)

東京～静岡
名古屋～姫路

電気機関車　HEH50

# 3 十河信二と島秀雄

## 総裁の情熱と技師長の見識

新幹線の誕生を語るうえで、その実現に向けて奔走した2人の人物について触れないわけにはいきません。第4代国鉄総裁に就任した十河信二《そごうしんじ》（1884～1981年）、そして十河に乞われて国鉄技師長に就任した島秀雄《しまひでお》（1901～1998年）です。

十河信二は愛媛県生まれ、東京帝大法科を卒業して鉄道院（後に国鉄となる組織）に入り、標準軌への改軌を提唱していた鉄道院総裁・後藤新平《ごとうしんぺい》の薫陶《くんとう》を受けました。その後、関東大震災の復興に携わった後、南満洲鉄道に入社して理事を務め、終戦時は地元愛媛県の西条《さいじょう》市長でした。

1949（昭和24）年に国鉄（日本国有鉄道）が発足、1955（昭和30）年に第4代総裁に就任した十河は71歳でした。本人は固辞したようですが、国鉄を徹底して改革する決意を固め、就任記者会見では「線路を枕に討死する覚悟」と語りました。十河が秘かに目論んだ巨大プロジェクト、それは東海道に広軌（標準軌）の新しい幹線を建設することでした。政治家肌の老熱血漢は、資金問題をはじめとする難題を剛腕で解決していくのでした。

島秀雄は鉄道技術者・島安次郎《しまやすじろう》の長男で、東京帝大工学部を卒業して鉄道省（後に国鉄となる組織）に入り車両設計に携わりました。父の安次郎は鉄道黎明《れいめい》期に活躍、前述の鉄道院総裁・後藤のもとで改軌の技術的中心人物でしたが、原敬《はらたかし》内閣が狭軌維持を決めると辞職しました。その後、弾丸列車計画に関わりましたが、終戦直後に亡くなりました。

十河が島秀雄に国鉄技師長への就任を要請した時、島は住友金属にいました。十河は「親父さんの弔い合戦をやらんか?」と口説いたという逸話があります。島は固辞したようですが、その情熱に押されて技師長に就任しました。総裁とは正反対に冷静な技師長は、それまで培《つちか》った持論をもとに、新幹線を具現化していくのでした。

**要点BOX**

- ●標準軌への改軌を提唱した後藤新平
- ●恩師の夢の実現を決意した老熱血漢
- ●親子二代で夢を具現化した鉄道技術者

## 十河信二

### 第4代国鉄総裁

1955～1963

改軌を提唱した後藤新平《ごとうしんぺい》の薫陶《くんとう》を受けた。東海道に標準軌新線の建設を決意。政治家肌の老熱血漢として陣頭指揮。建設予算超過の責任を負って退任。

**有法子(ヨウファーズ)**
十河の座右の銘。満鉄時代に覚えた中国語の没法子(メイファーズ=仕方がない)の反対で「方法が有る=最後まで諦めない」の意味。

1884～1981

写真提供:小野田　滋

## 島　秀雄

### 国鉄技師長

1955～1963

父・安次郎《やすじろう》も鉄道技術者。十河に乞われて技師長に就任。“実証済みの技術”で新幹線を具現化。十河とともに国鉄を退任。

**直角水平主義**
机上の文具や製図用具、朝食のナイフやフォーク、孫が玄関に脱ぎ捨てた靴まで直角水平に揃えたという、島の性格を示すエピソード。

1901～1998

写真提供:小野田　滋

# 4 逆風の中でのスタート

## 風向きを変える根回しと方策

今でこそ新幹線の利便性や経済効果を疑問視する人はほとんどいませんが、1950年代には高速鉄道など世界中どこにも存在せず、巨額の投資を伴う構想は国鉄部内や政治家だけでなく、一般国民にも受け入れにくいものでした。国鉄総裁に就任した十《そ》河《ごう》信二《しんじ》は、そのような状況や過去に改軌が政争の具にされてきた経緯を知り尽くしているので、構想を表沙汰にせず慎重に根回しを始めました。

旧海軍の航空技術者を受け入れ、鉄道高速化を模索した国鉄の鉄道技術研究所は、1957（昭和32）年「超特急列車 東京～大阪間 3時間への可能性」と題する講演会を行いました。新幹線が技術的に可能であることを各方面に知らしめる画期的な講演でしたが、鉄道は自動車や航空機に主役の座を譲ると考える有識者が多く、「戦艦大和」を例に出して無用の長物であると批判されました。

「我田引水」をもじって「我田引鉄」という言葉があります。政治家が選挙で票を集めるため、自分の票田に鉄道を誘致し、政治的な地盤を固めようとすることです。明治・大正・昭和と「建主改従」の政策により標準軌への改軌が後回しにされたのは、そのような背景によるものでした。仮に時の政府が新幹線建設に動いても、政権交代により計画が反故《ほご》にされる可能性がありました。

そこで十河が取った方策、それは世界銀行から金を借りることでした。もちろん資金不足も理由ですが、世銀借款には政府の保証契約が必要、すなわち政府が事業の完成を保証しなければならず、政権交代しても事業は継続され、予算も承認されやすくなります。世銀借款は未経験の事業は対象外ですが、技師長の島秀雄《しまひでお》は〝実証済みの技術〟の集大成であると理路整然と説明して8000万ドル（当時1ドル=360円）の借款に漕ぎ付け、プロジェクト完遂に向けて縛りを掛けることに成功しました。

**要点BOX**

- ●未知なる高速鉄道への拒否反応
- ●政治に利用されてきた鉄道の歴史
- ●世界銀行からの借款による事業安定化

## 未知なる高速鉄道への拒否反応

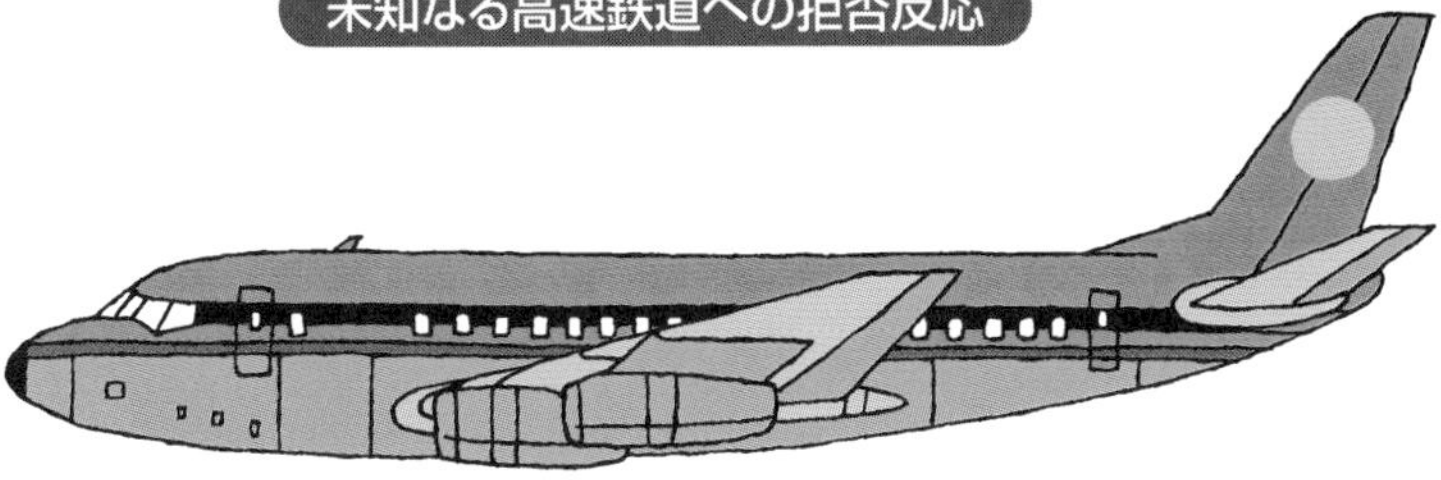

飛行機や自動車の時代、
鉄道は斜陽な乗物

## 新幹線の可能性を知らしめた講演会

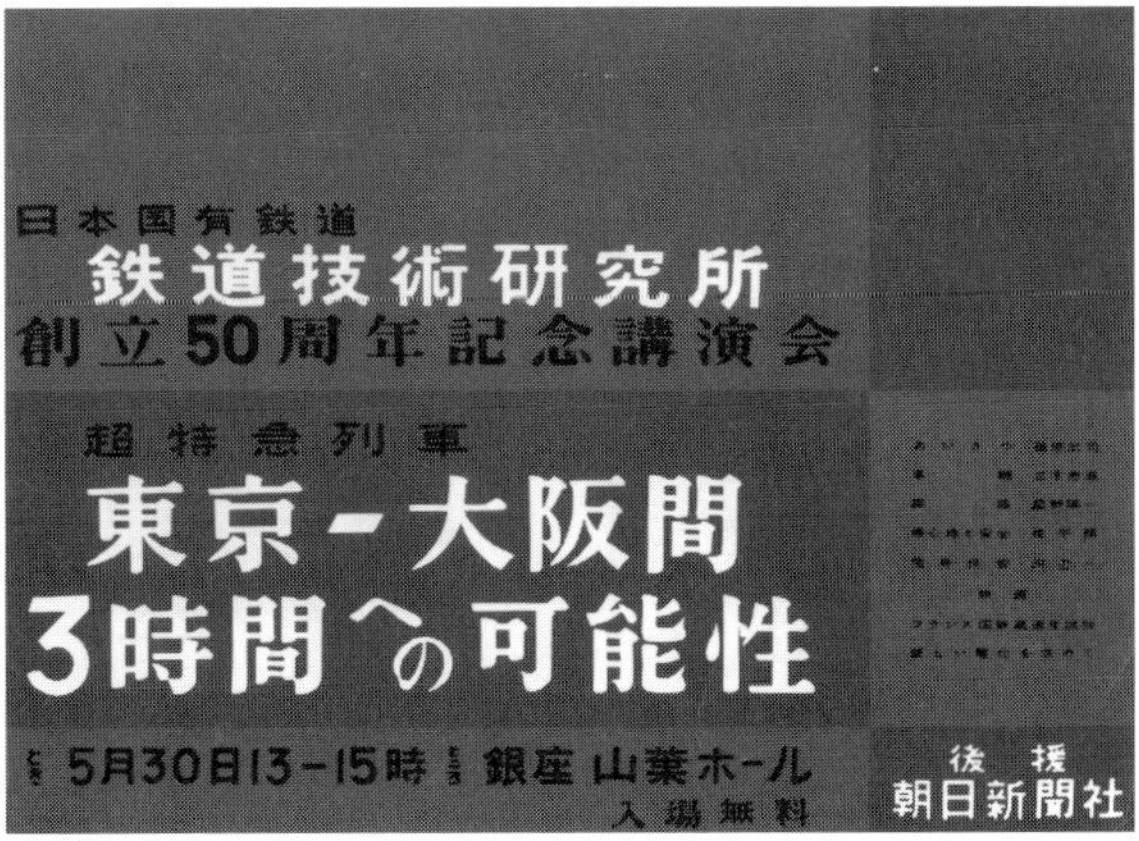


写真提供：小野田　滋

# 5 鴨宮モデル線での試運転

## 未知なる時速２００kmへの挑戦

東海道新幹線の新横浜～小田原間のうち、東海道本線・鴨宮《かものみや》駅の手前約32kmの線路は、１９６２（昭和37）年に2年ほど先行して完成し、モデル線となりました。技師長の島秀雄《しまひでお》の持論は、未経験の技術は使わず、〝実証済みの技術〟でシステムを構成することでした。しかし、時速２００kmは未知の世界で、実際に列車を走らせないと確認できない項目は多数あって、その試運転を行うのがモデル線でした。

その区間にはトンネル、橋梁、長い直線、緩い曲線など、試運転に必要な基本的な要素がほぼ揃っていました。異なる設計の試作車2編成を用意し、高速でのすれ違いを含む各種の試運転を重ね、評価を下すとともに問題点は改良し、量産車の設計に反映しました。しかし、温暖なモデル線になかったものは冬季の積雪、それが営業開始後に禍《わざわい》をもたらすのですが、それについては後述します。

各車両が動力を持つ電車方式、交流電化など、在来線で少なくとも数年の実績を重ねた〝実証済みの技術〟が導入されましたが、高速運転に伴い採用した〝車内信号システム〟は例外でした。運転士が地上の色灯式信号を確認できるのは時速１６０kmが限界といわれています。運転台のパネルに許容される最高速度を表示し、超過した場合は自動的に減速させる自動列車制御装置を導入しました。

当時の鉄道の最高速度記録は、１９５５（昭和30）年にフランスの電気機関車が樹立した時速３３１kmでした。当時はそれが物理的な限界で、実用上は時速２５０km程度が限界と考えられ、東海道新幹線は営業最高時速２１０kmとしました。そして１９６３（昭和38）年、モデル線で試作車B編成が最高時速２５６kmを記録しました。現在、東海道新幹線の営業最高速度は時速２８５kmです。ちなみに新幹線の最高速度記録は、１９９６（平成8）年に米原～京都間で試験車３００Xが樹立した時速４４３kmです。

**要点BOX**

- ●“実証済みの技術”の集大成
- ●試運転結果を量産車の設計に反映
- ●最高速度記録、時速256kmを樹立

## 鴨宮モデル線

東海道本線・鴨宮《かものみや》駅付近の俯瞰写真　写真提供:小野田　滋
写真の左方向(新横浜方向)へ向かう約32kmがモデル線



## 最高速度256km/hを記録

最高速度記録を樹立した試作車B編成　写真提供:小野田　滋

# 6 日本国民の叡智と努力

## 夢ではなくなった「夢の超特急」

東海道新幹線の開業は1964（昭和39）年10月1日、東京オリンピック開催の10日前のことでした。途中停車駅が名古屋・京都のみの超特急が「ひかり」、各駅に停車する特急が「こだま」と命名されました。開業当初は徐行区間が存在し初期故障も想定して、東京～新大阪間の所要時間はそれぞれ4時間と5時間でした。それでも在来線時代の特急「こだま」の6時間半より飛躍的に短くなりました。

開業前は「夢の超特急」と呼ばれた新幹線、当初は〝夢のまた夢〟との思いだったかもしれませんが、開業が視野に入るにつれて〝夢〟が実現する期待が大きく膨らみました。左ページの写真は、東京駅八重洲《やえす》北口の東海道新幹線19番線ホーム下の壁に掲示してあるプレートです。「この鉄道は日本国民の叡智《えいち》と努力によって完成された」という文言は、当時の日本人の気概を物語っています。

新幹線が日本と世界の歴史を変えた事実が2つあると考えられます。まず敗戦で落ち込んでいた日本人が自信を取り戻し、いろいろな分野で世界一を目指すやる気に火を付けたことです。そして、アジアの敗戦国が最高時速200㎞を超える高速列車を世界で初めて実用化し、当時世界の有識者が斜陽な乗物と思っていた鉄道に対する評価を覆したことです。欧州各国は新幹線が起爆剤となって高速列車の開発に着手、1990年前後にそれらが次々実現し、その潮流がアジア諸国にもやってきました。

さて、ここまでは世界初の高速鉄道が誕生するまでの序章です。第2章からは、いよいよ新幹線技術についてわかりやすく解説していきます。しかし、完成度の高い新幹線は順風満帆にできあがったわけではなく、数々の失敗を経験し、それを克服するため地道な努力を続けてきた歴史があります。本書は単なる技術解説書ではなく、そこに至るまでの技術者の取り組みについても触れていきます。

**要点BOX**

- 東京オリンピックとともに開業
- 日本人が自信を取り戻す契機
- 世界の鉄道に対する評価を逆転

## 1964年　東京オリンピック開催

## 東海道新幹線竣工記念プレート

東京駅新幹線19番線ホーム下の壁に掲示してある

# 新幹線の博物館と車両基地一般公開

## 博物館

新幹線の歴史や技術を扱った総合的な博物館は次の3カ所です。

**●リニア・鉄道館（名古屋）**

新幹線と超電導リニアが中心で、東海道新幹線の歴代車両0系・100系・300系・700系・N700系・922形・300Xを保存展示。技術解説や新幹線誕生にまつわる展示も充実。JR東海が運営。

https://museum.jr-central.co.jp/

**●鉄道博物館（さいたま）**

旧交通博物館を引継ぎ充実させた博物館。東北新幹線を中心に歴代車両200系・400系・E1系・E5系のほか、東海道新幹線0系も保存展示。JR東日本が運営。

https://www.railway-museum.jp/

**●京都鉄道博物館**

山陽新幹線の歴代車両0系・100系・500系や、運転指令所の巨大な表示盤も保存展示。蒸気機関車を動態保存する扇形車庫を併設。JR西日本が運営。

http://www.kyotorailwaymuseum.jp/

## 車両基地一般公開

毎年恒例の大規模な公開イベントは次の4件です。運転台を見学したり、車両を分解しての保守作業を見学できます。実施時期や予約要否などは、各JRのホームページ等で事前に確認してください。

**●JR東海・浜松工場**

「新幹線なるほど発見デー」と称して毎年7～9月頃に開催、他に大井（東京）や鳥飼（大阪）の車両基地一般公開も。

**●JR東日本・新幹線総合車両センター（仙台）**

「新幹線車両基地まつり」と称して毎年10月頃に開催、他に新潟新幹線車両センターの一般公開も。

**●JR西日本・博多総合車両所**

「新幹線ふれあいデー」と称して毎年10～12月頃に開催、他に同所岡山支所、白山総合車両所（金沢）の一般公開も。

**●JR九州・熊本総合車両所**

「新幹線フェスタin熊本」と称して毎年10月頃に開催。

# 第2章

# 未知の
# 時速200kmによる試練

# 7 パンタグラフに揺さぶられる架線

営業を開始して初めてわかること

開業前の鴨宮《かものみや》モデル線では、もちろん時速200kmを超える領域まで試運転をしたわけですが、試作車は2両編成と4両編成で、それが約32kmの線路を往復しただけでした。一方、開業時の新幹線は12両編成、パンタグラフは合計6基が等間隔に並んでいました。営業列車が東京～新大阪間を走るようになると、架線やパンタグラフに予期せぬ不具合が頻発するようになったのです。

新幹線では架線の高さをほぼ一定にすることでパンタグラフを小さくし、高速でも離線しないように工夫していました。しかし、6基のパンタグラフが高速で通過すると、架線に発生する振動の影響が大きく、架線の金具が外れたりちぎれたりしました。架線の張り方を変えたり、セクション（架線の境目）を工夫したり、金具を改良したりして、少しずつ不具合を減らしていきました。

架線に接触するパンタグラフの部品をすり板といいます。厚さは新品で10㎜、それが摩耗して4㎜になる前に交換しますが摩耗が非常に激しく、場合によっては東京～新大阪間の片道を走っただけで交換が必要なこともありました。材質は銅を主成分とする焼結合金（金属粉末などを焼き固めた材料）でしたが、鉄を主成分に変えるとともに、炭素など潤滑剤として混ぜる成分を調整して、架線を攻撃することなく摩耗が少ない実用的なすり板を実現しました。

また技術面だけでなく、架線とパンタグラフを管理する組織にも問題がありました。国鉄の縦割り組織では意思疎通を欠き、最適な解決方法は見つけにくかったのです。新幹線では双方が情報を共有し、知恵を出し合い改良していきました。みなさんは新聞で「パンタグラフ破損」という記事を見ることがあると思います。架線が切れると半日運行を止めてしまうので、どこかに問題が発生すればパンタグラフが壊れることで架線を護っている場合も少なくないのです。

要点BOX

- 予想以上に大きかった架線の振動
- 片道走っただけで摩耗してしまうすり板
- 縦割り組織の弊害を打破して改良

## パンタグラフ通過による架線の振動

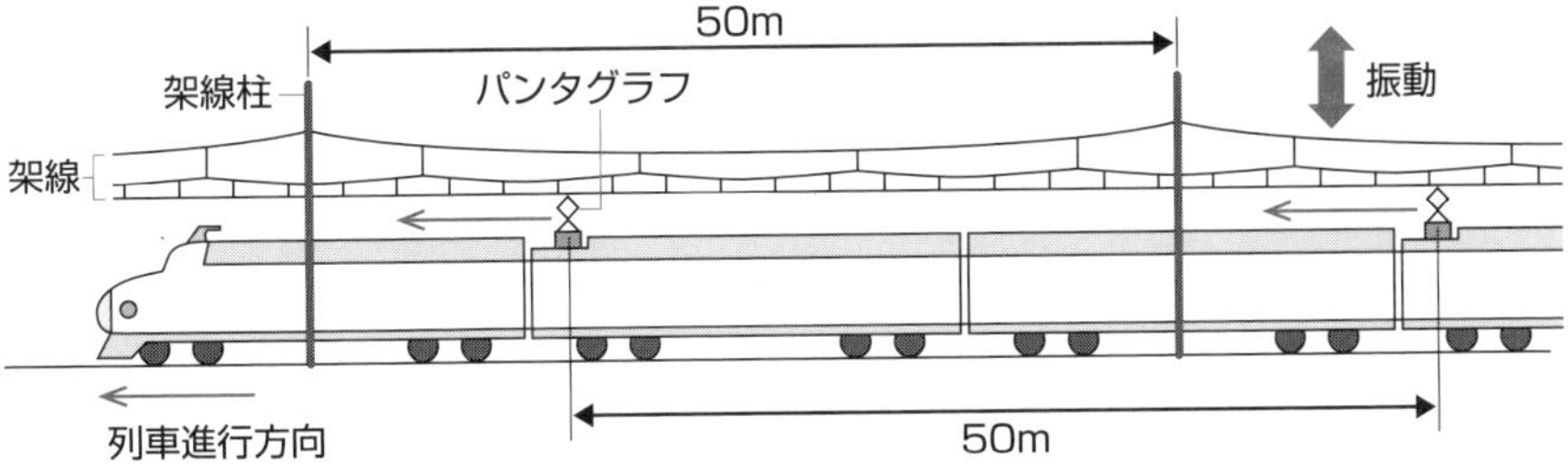


架線柱間隔 ： 50m
パンタグラフ間隔 ： 50m
パンタグラフ数 ： 6基(12両編成)、8基(16両編成)

## パンタグラフのすり板

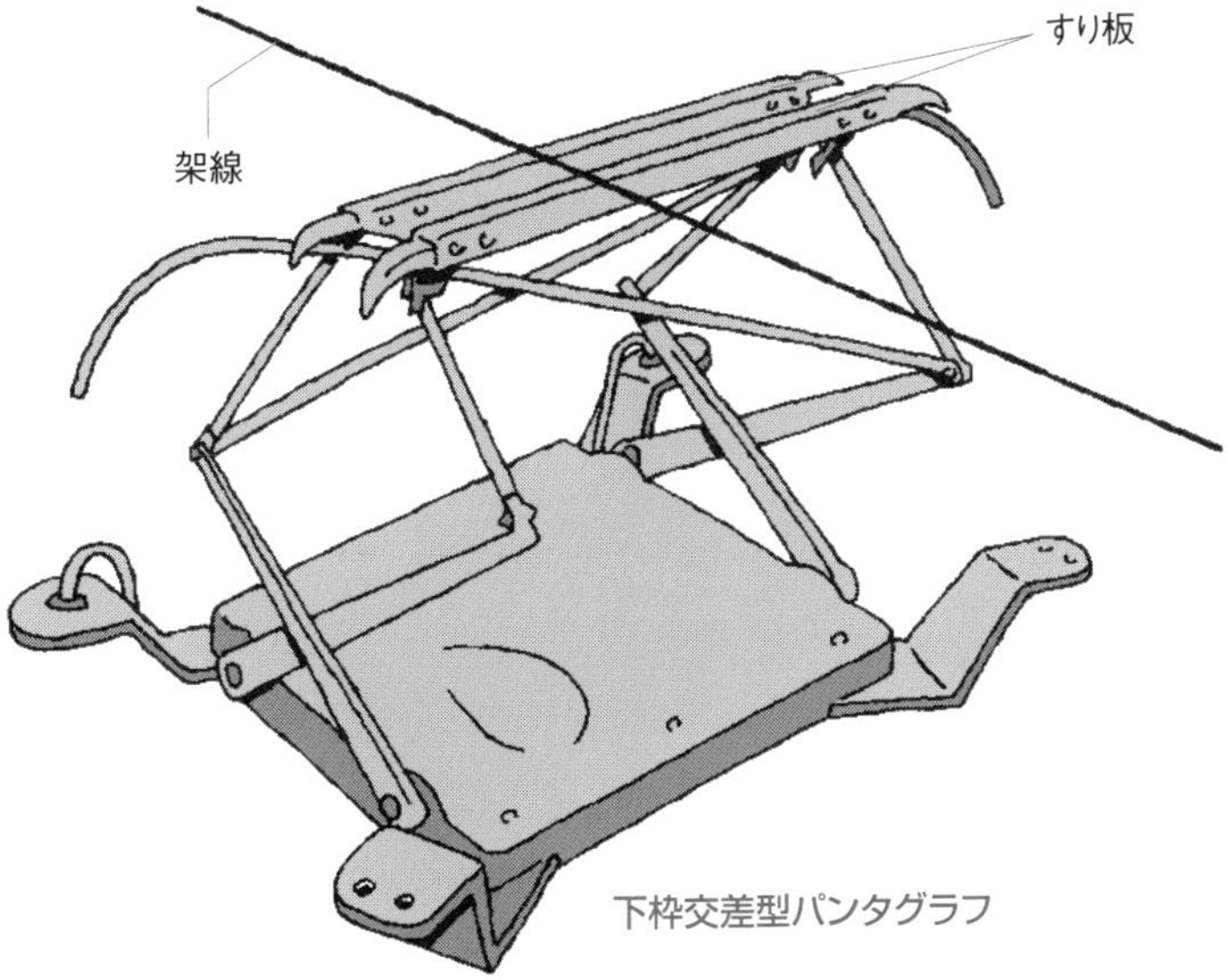


下枠交差型パンタグラフ

# 8 新幹線初の脱線事故

## 車内信号を確認せず出発し脱線

新幹線初の脱線として公に報道されているのは、1973（昭和48）年の鳥飼《とりかい》事故（車両基地から本線に出た回送列車が脱線）ですが、実は1965（昭和40）年8月17日の夜の東京駅が初めてでした。運転士が信号を確認せず回送列車を出発させ、反対側に開通していたポイントに乗り上げて脱線したものです。乗客はおらず、影響を受けたのは下り最終「ひかり」の乗客だけで報道されなかったようです。

その夜、東京駅19番線には下り最終「ひかり27号」が、その隣の18・17番線では車両基地への回送列車が出発を待っていました。まず17番線、次に18番線が出発の順序でしたが、約5分遅れの状況の中で2本が同時に出発しました。17番線の運転士がすぐ気付いて非常ブレーキを扱い指令に連絡、18番線の運転士は指令からの連絡で非常ブレーキをかけましたが、開通していない可動クロッシング（23項参照）のポイントに割って入り脱線しました。

原因は18番線の運転士が車内信号を確認せずに出発したことですが、新幹線には信号無視や速度超過した場合は自動的に停止または減速させる自動列車制御装置が付いています。ヒューマンエラーに対する砦《とりで》となるシステムがはたらかなかったということです。調べてみると、行止まりの東京駅や車両基地を出発する部分には、停止制御が抜けていることがわかりました。もともと停止信号をオーバーランしないことが最大の目的だったので、誤って出発することを想定せずにシステムを組んだのです。

完璧なはずだったシステムに思わぬ落とし穴があり、すぐに手配して全ての箇所に停止制御を付けました。19番線「ひかり27号」は進路を塞がれたため、17番線の回送列車を「ひかり」として仕立て、乗客に乗り換えてもらい約50分遅れて東京駅を出発しました。当時は4時間運転で余裕があり新大阪到着は定時だったため、新聞沙汰にはならなかったようです。

**要点BOX**

- 撲滅できないヒューマンエラー
- バックアップシステムに潜む落とし穴
- 4時間運転の余裕で遅れを回復

## 東京駅誤出発による脱線事故

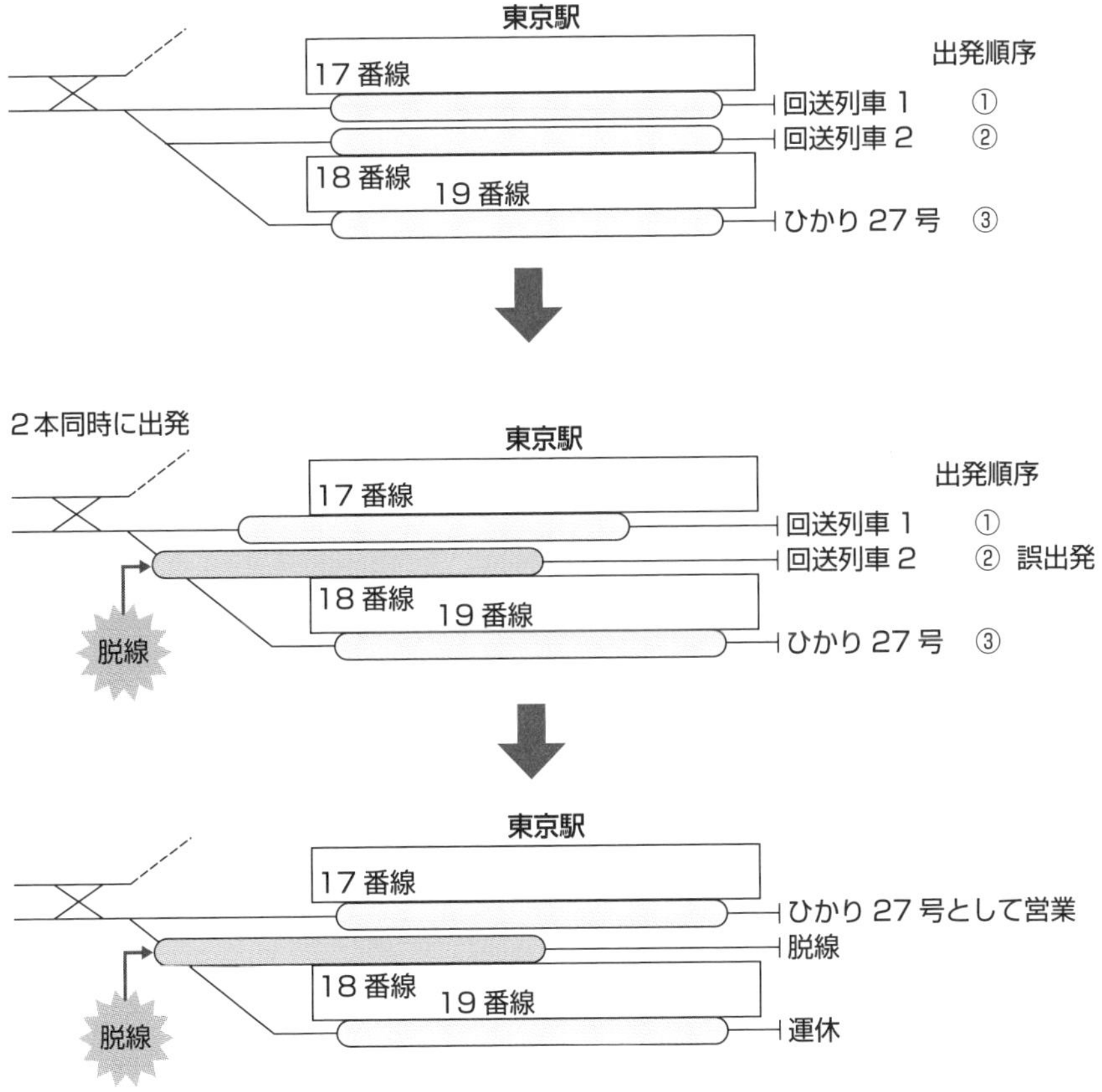


## 可動クロッシング分岐器(ポイント)

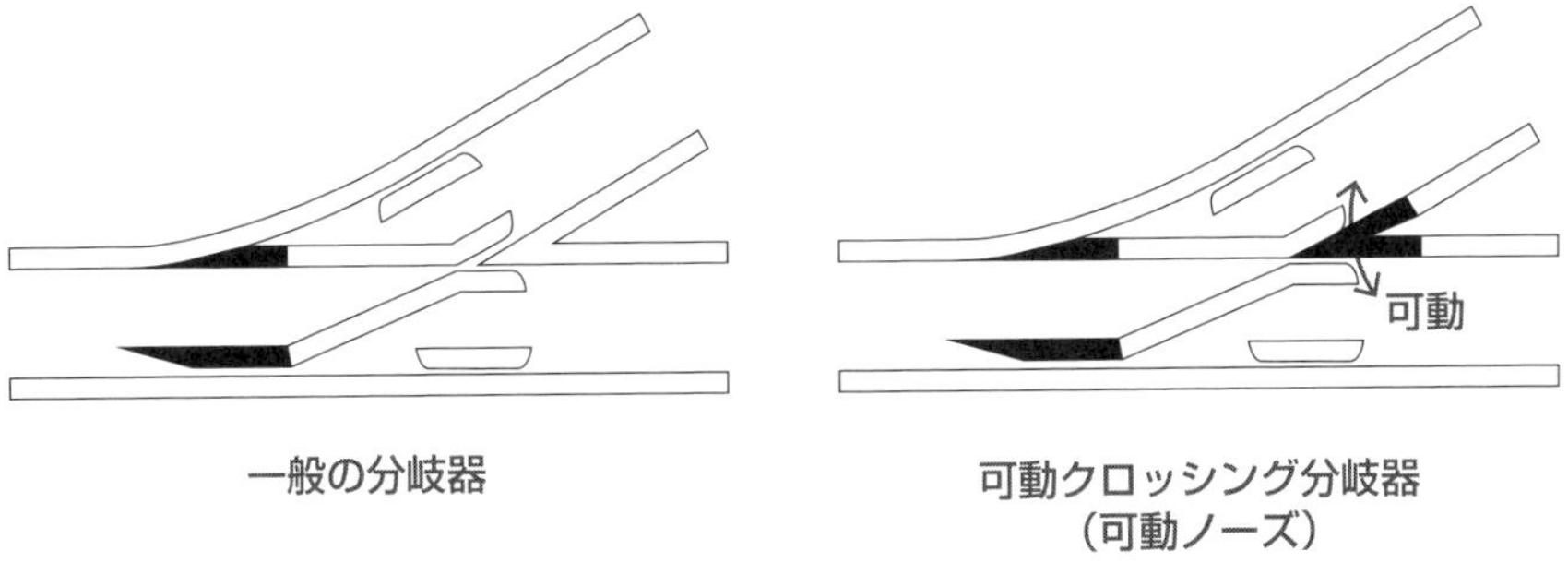

# 9 ブレーキディスクの飛散

## 空転の遠心力で取付ボルト破壊

前述の脱線事故から4日後の1965（昭和40）年8月21日、新横浜を通過した上り「ひかり2号」の制御回路が故障して立往生しました。原因は8号車（1等車＝現グリーン車）のブレーキディスクが遠心力で飛散し、床を10カ所以上突き破ったことでした。天井が破れている箇所もあり、破片が乗客に当たれば死傷者が出るところでした。8号車を京都から予約していた外国人団体は直前にキャンセルしていたため誰も乗っていなかったことは不幸中の幸いでした。

現場は10／1000の緩い上り勾配、小雨模様の中を時速187㎞で走行中、8号車前方東京寄りの輪軸が大きく空転し、ブレーキディスクを車輪に取り付けているボルトが遠心力で破壊し、ブレーキディスク4組の破片が飛散したものでした。破片は8号車の床を突き破ったほか、後続の1～7号車の床下を破損し、沿線の民家に飛び込んだ破片もありましたが、幸い死傷者は皆無でした。

当日は小雨でレール面が濡れていたこと、8号車が空車で軽かったことから、空転が発生しやすかったものと考えられますが、空転検知装置が正常に動作すれば大きな空転は防げたはずです。しかし、当時の空転検知装置は各輪軸の回転速度の差を比較しており、検知する全ての軸が同じように空転すると検知できなくなります。対策として各輪軸の回転速度の変化率も併用して空転を検知する現在のような方式に改めました。

また当時の新幹線は直流モーターを使っていたので、空転を始めると回転速度が一気に上昇する性質がありました。現在の新幹線は全て交流モーターを使っているので、その性質から空転が始まっても回転速度はわずかしか上がらず、いくら悪条件が重なったとしても同様の事故が起こることはありません。それにしても、事故当日に予約をキャンセルした外国人団体の行動は謎に包まれています。

**要点BOX**

- 床を突き破ったブレーキディスクの破片
- 直前キャンセルで無人だった不幸中の幸い
- 空転検知装置を改良して再発防止

## 車輪に取付けたブレーキディスク

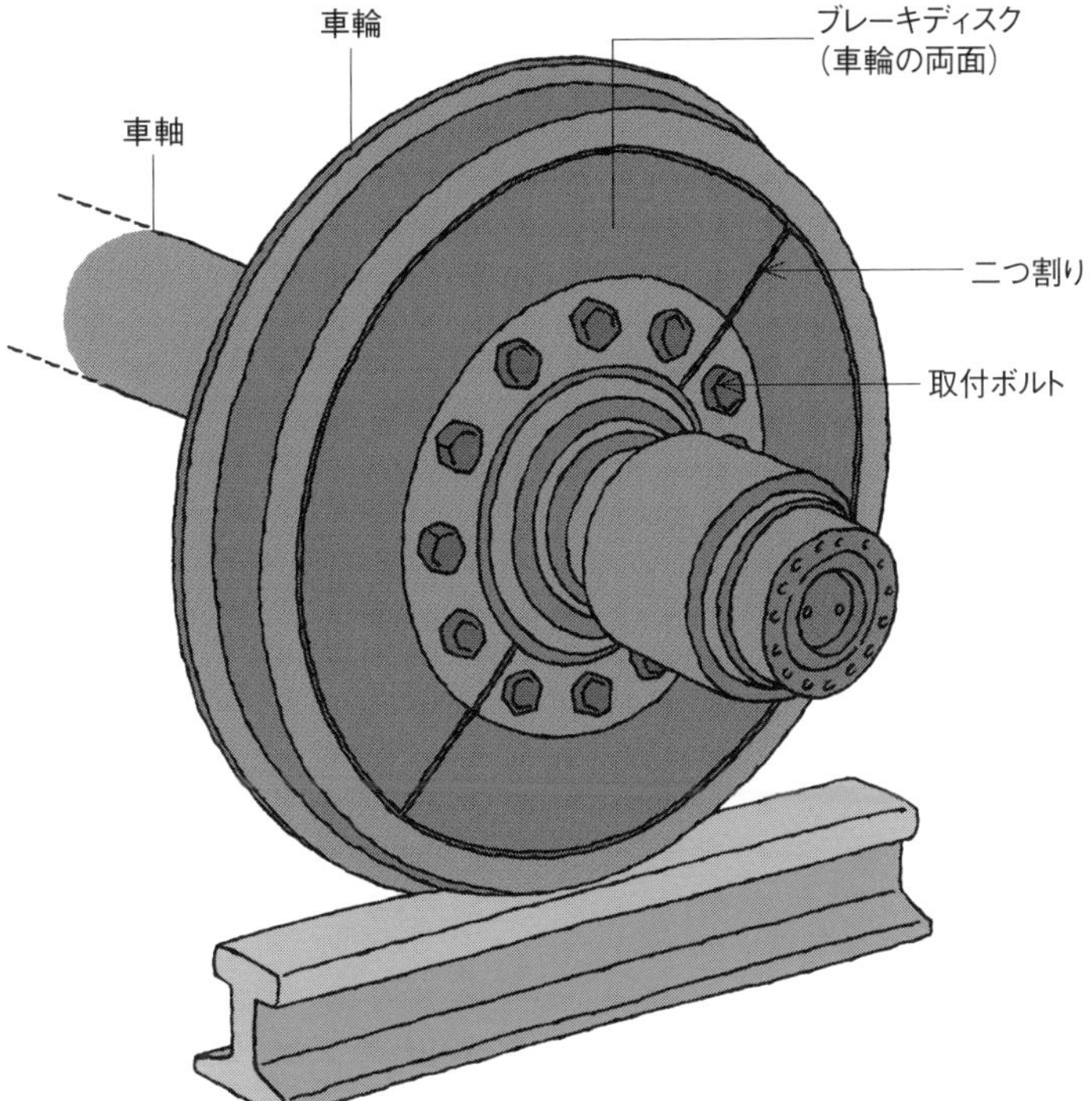


## 輪軸断面図

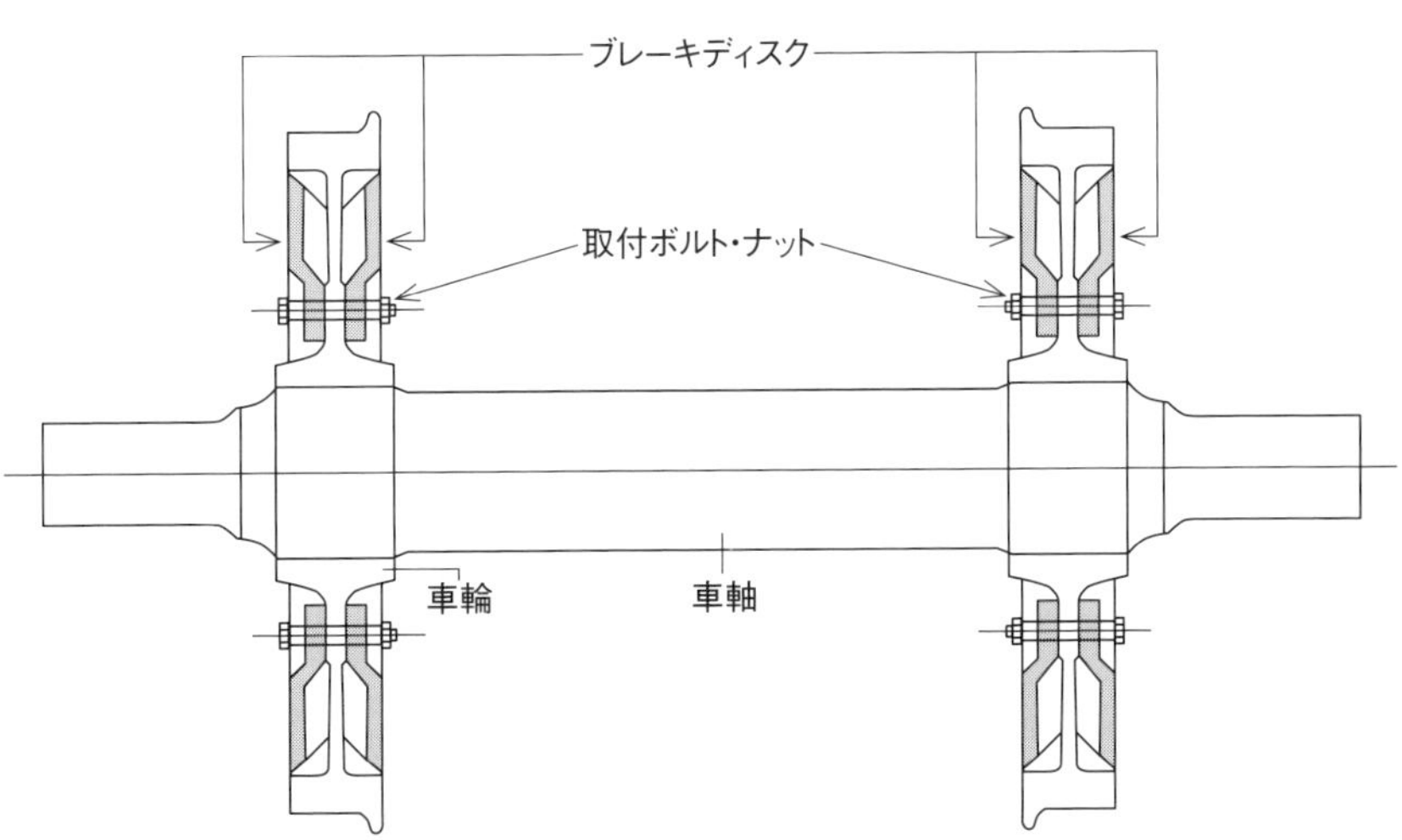

# 10 汚水が吹き上がるトイレ

## 頭から汚水を浴びた乗客の苦情

開業当初は徐行区間が存在したこと、また初期故障も想定して超特急「ひかり」の東京～新大阪間所要時間は余裕を取って4時間でした。開業約1年後の1965（昭和40）年11月1日、本来予定していた3時間10分での運転が始まり最高時速210kmで走る時間が増えましたが、それを境にまた新たな問題が出てきました。まず初日から発生したのはトイレの汚水が吹き上がる現象でした。

当時、在来線の列車トイレは垂れ流し式、汚水・汚物は線路上に落として自然浄化に頼る方式でした。しかし時速200kmで走る新幹線で垂れ流しはできないため、床下に汚物タンクを設けて車両基地で抜き取る方式にしました。汚物タンクからの臭気を防ぐため、便器の下にはお椀のような受け皿があって、用済み後にペダルを踏むと受け皿が傾き水が出て、汚物をタンクに落とすようになっていました。

汚水を浴びた乗客の苦情から、その現象が発生するのは小田原～熱海間の南郷山《なんごうさん》トンネル、超特急「ひかり」が時速210kmですれ違うトンネル内であることを突き止めました。現在の新幹線車内は全て気密構造ですが、当時は客室内のみ気密でデッキとトイレは大気開放でした。すれ違いによりトンネル内の気圧は一旦上がってから下がります。汚物タンクの気圧も上がり、次にトイレ内が負圧になった瞬間にタンク内の空気が逆流し、受け皿に溜まった汚水が吹き上がることがわかったのです。

応急処置として受け皿に穴をあけ、汚水が溜まらないようにして吹き上げを防ぎました。そしてデッキとトイレも含めて車内を全て気密構造に設計変更し、既存の車両も改造して対応しました。信じられないような現象ですが、新幹線の黎明期にはこんな不具合もあったのです。汚水・汚物をタンクに溜める貯留式は頻繁な抜取作業が必要なため、新幹線のトイレは循環式、真空式と進化していきます。

**要点BOX**

- トンネル内で時速210kmのすれ違い
- すれ違いによって生じる大きな気圧変化
- 気密構造をデッキやトイレにも拡大

## 新幹線初期の車内気密構造

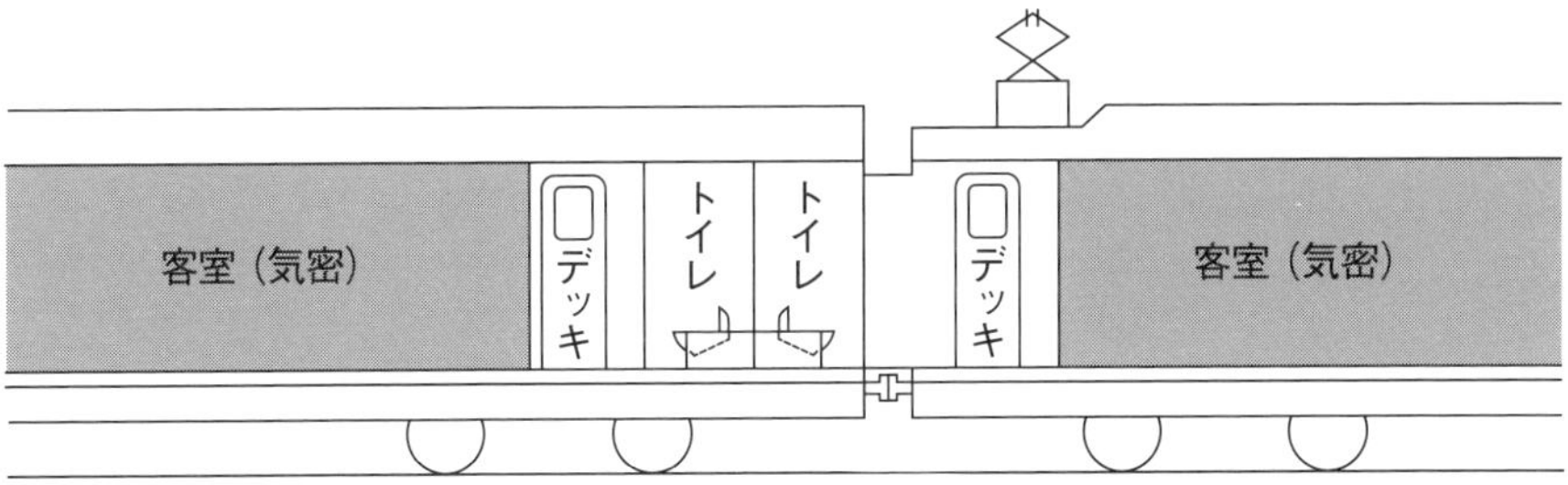


デッキ・トイレは大気開放

## 貯留式トイレの構造と汚水の吹き上げ

①トンネル内において高速ですれ違い

↓

②トイレ内と汚物タンク内の気圧は急上昇

↓ 空気は圧力の高いほうから低いほうへ流れるため…

③トイレ内が負圧になった瞬間に
タンク内の空気が逆流し受け皿に溜まった汚水を吹き上げ

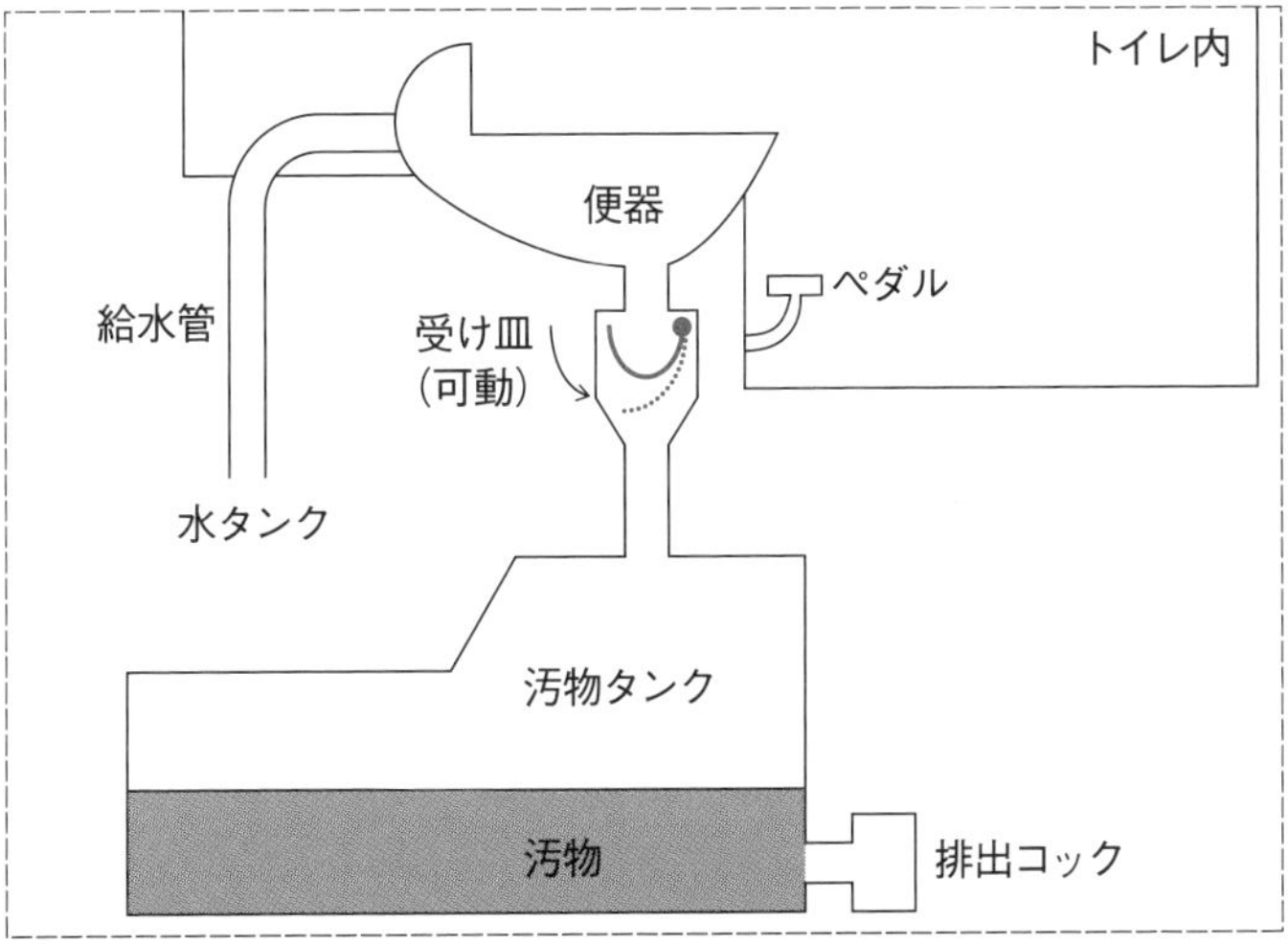

# 11

# 氷雪の落下で割れる窓ガラス

## 関ケ原の雪が温暖地区で禍

東海道新幹線は岐阜羽島《ぎふはしま》～米原《まいばら》間で関ケ原を越えますが、この付近は冬季かなりの積雪があります。開業して最初の冬は余裕のある4時間運転で、積雪区間は徐行したので高速走行に起因する問題は起こりませんでしたが、3時間10分での運転が始まった2回目の冬に問題が顕在化しました。高速で巻き上げた雪が床下に付着して走行風で冷やされ氷結、それが高速走行中に融けて落下しバラスト（砕石）を跳ね上げ、床下機器や窓ガラスを破壊したのです。

当面の対策は積雪区間とその先の速度制限ですが、上りの場合は名古屋～東京間を徐行するわけにはいきません。温暖なトンネル内などを高速走行中に、氷塊が融けて落下するのを防ぐため、名古屋駅停車中に人海戦術で床下の雪落としを行いました。そして線路上の雪が舞い上がらないようにするため、積雪の表面に水を撒《ま》いてベタ雪にすることを考案、積雪時の夜間に散水列車を走らせて実験を繰り返し、その効果があることを確認しました。

3回目の冬を迎える前に、関ケ原の約6㎞の区間にスプリンクラーを設置、積雪時にトンネルの湧水を撒いてその効果を確認しました。現在では米原駅の前後約70㎞の区間に設置されています。しかし、東海道新幹線は盛土の区間が多く、大量の水を撒くと路盤が緩むため、雪を融かすのではなく表面をベタ雪にして、舞い上がらないようにするのが目的です。豪雪の場合は速度制限の併用や、停車中の雪落としもできる体制を組んでいます。

名古屋駅の上り15番線には、今でもサッカーゴールのようなケージ（横幅４００ｍ）がありますが、あれは雪落としの作業員を対向列車から護るための設備です。

その後、東北・上越新幹線の建設に当たっては豪雪地帯を通過するため、関ケ原で得たノウハウを活かして抜本的な雪害対策をすることになりますが、それについては後述します。

**要点BOX**

- ●高速で巻き上げて床下に付着した雪が氷結
- ●高速で氷塊が落下してバラストを跳ね上げる
- ●積雪の表面に水を撒いて巻き上げを防止

## 雪と窓ガラス破壊の因果関係

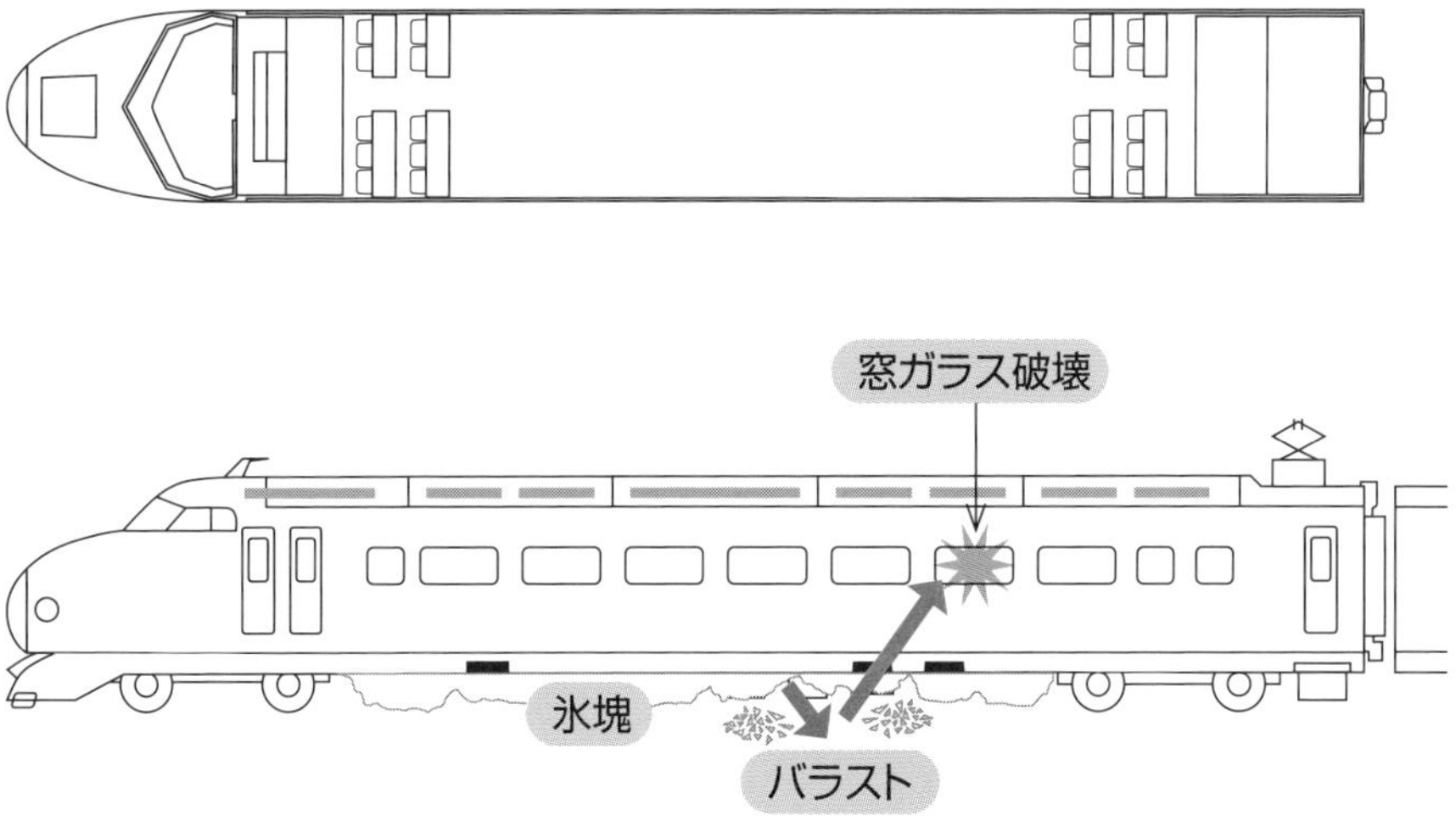


①高速で巻き上げた雪が床下に付着

↓

②走行風で冷やされて氷結

↓

③温暖なトンネル内などを高速走行中に氷塊が融けて落下

↓

④バラストを跳ね上げて窓ガラスを破壊

## 関ケ原における雪害対策

積雪区間内にスプリンクラーを設置（ベタ雪にして舞い上がらないように）

豪雪の場合 → 積雪区間内の速度制限

さらなる豪雪の場合 → 停車中に床下の雪落とし

# 12 車軸が折れたまま走行

## 車掌が機転を利かせて停止手配

鉄道車両の左右の車輪と車軸は一体で、それを輪軸と呼び1対《つい》と数えます。車軸には1回転するたびに反対向きの大きな力、専門用語で言うと回転曲げ荷重《かじゅう》がかかり、車両の部品の中で最も過酷な使われ方をしています。仮に車軸が折れると、脱線以上に大きな事故につながります。したがって、車軸は定期検査ごとに超音波を使って傷の有無を入念に調べています。

1966（昭和41）年4月25日の夜、上り「ひかり42号」が豊橋《とよはし》駅の手前を走行中、最後部の車掌が台車付近から出ている火花に気付き、停止手配を取りました。駅を通過して停車した列車を豊橋駅に退行させ乗客を後続の列車に移し、台車を調べたところ最後部の車軸が折れていました。車両を深夜に浜松工場へ回送し台車を分解、台車枠を持ち上げると車軸はほぼ中央部でポッキリ折れました。への字に曲がった車軸が軸受まわりの部品に支えられ、辛うじて回転していたことがわかりました。

車軸が折れる場合、車輪を嵌《は》め込んだ部分で折れるのが普通で中央部は稀《まれ》です。折れた車軸を鉄道技術研究所に送って調べたところ、折れた付近のある幅だけ金属組織が変わっていることがわかりました。一方、車軸メーカーの製造履歴を調べたところ、車軸を研磨する工程で停電が発生して機械が止まり、その車軸のある幅だけ砥石《といし》が長く当たって発熱、熱処理で表面を強くした部分の焼きが戻ったことが判明しました。そして、その幅は鉄道技術研究所の調査結果とぴったり一致しました。

折れた原因がわからないと、全ての車軸の調査が必要で、場合によってはかなりの運休を伴います。別々に行った調査の結果が一致したことにより、原因を突き止めることができました。製造工程の管理、定期検査での探傷の両面を見直すことにより、再発防止策を打つことができたのです。

**要点BOX**

- 折れた車軸がへの字になって走行
- 通常とは異なる車軸の折れ方
- 製造履歴まで遡り原因究明と対策

## 輪軸と軸箱支持の構造

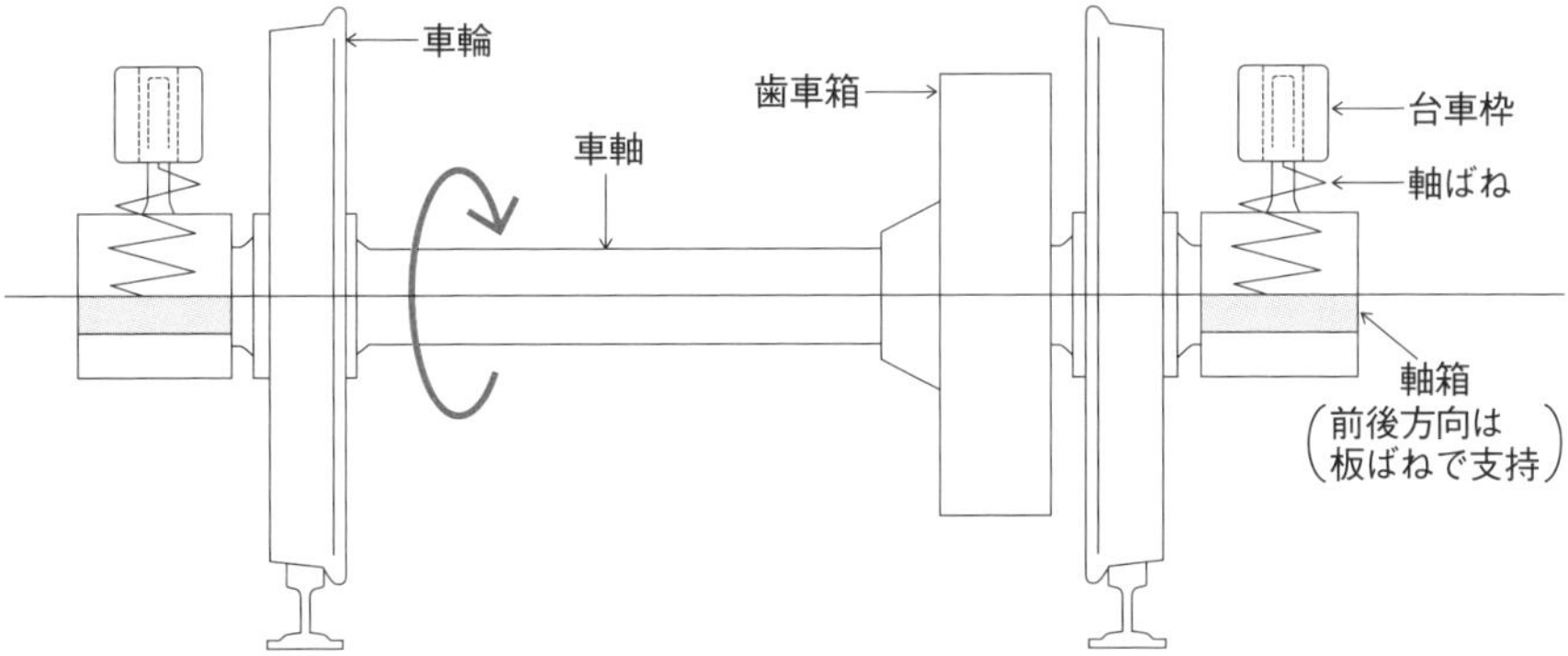


## 車軸切損の状況

※事故の翌日に工場で分解に立ち会った関係者の証言に基づくイメージ図

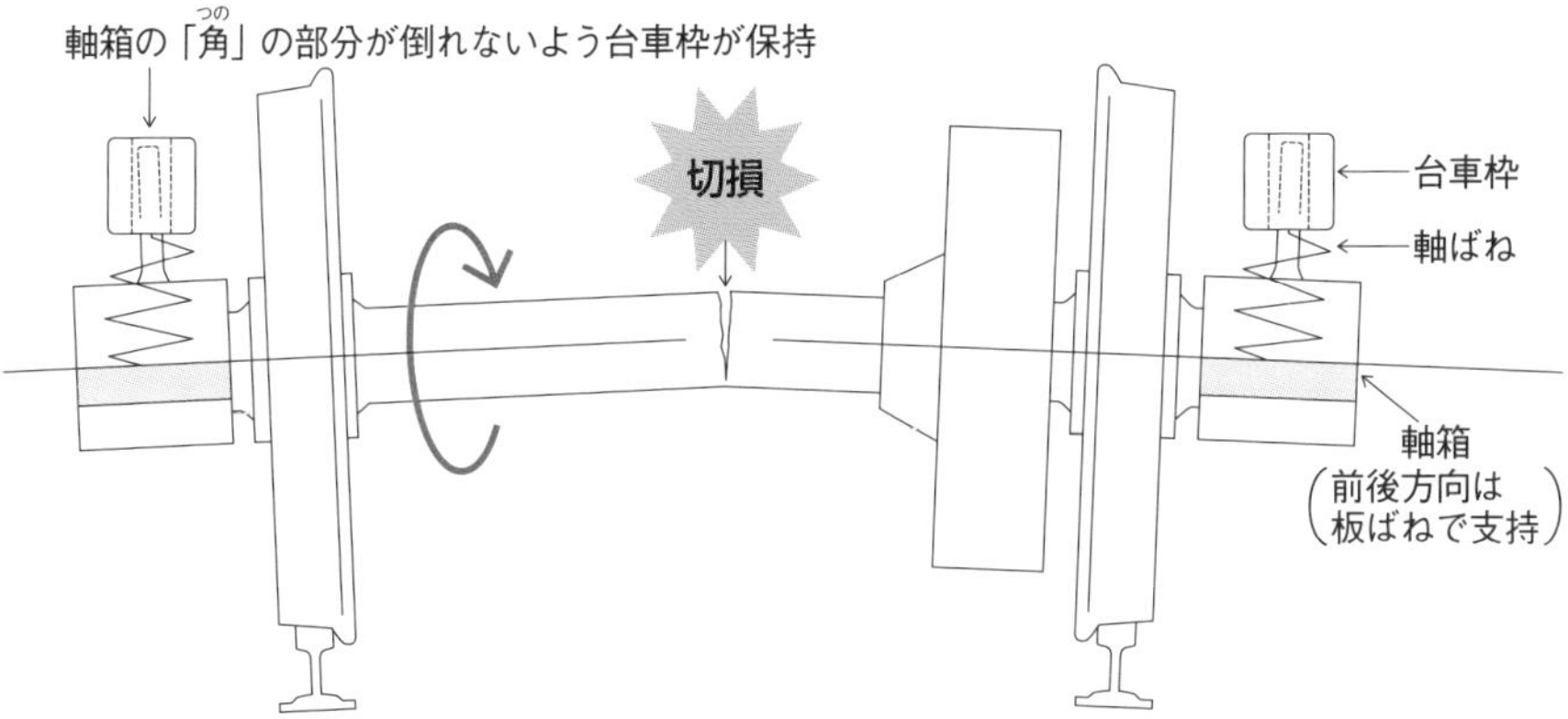

# 13 騒音・振動が社会問題に

東海道新幹線は開業してから利用者が年々急増、列車本数が増加した結果、沿線住民にとって騒音・振動が耐えられないレベルに達してきました。特に名古屋地区は市街地を通過し、架道橋（しかも鉄橋）が多く、大きな社会問題となり開通10年後の1974（昭和49）年には訴訟に発展しました。当時は騒音に対する社会の認識は現在と比べて低く、騒音に対する知識も未熟でした。

新幹線の騒音源としては大きく分けて4つ、車輪とレールから出る転動音、車体や機器から出る空力音、集電装置から出る集電音、そして橋などが増幅する構造物音です。1975（昭和50）年に環境庁（現環境省）は新幹線騒音基準（住居系地域70dB以下、商工業地域75dB以下、測定方法も詳細に規定）を告示しましたが、当時の技術レベルではすぐに実現は難しく厳しいものでした。

まず1970年代に取られた対策は、防音壁の設置と鉄橋の防音工事、車両側では滑走による車輪フラット（平らな部分ができること）防止を進めました。いずれも転動音と構造物音への対策です。1980年代は、レール削正の実施とバラストマットの敷設、そして防音壁の改良ですが、これらも転動音と構造物音への対策です。基準は未達成ながら訴訟は1986（昭和61）年に和解に漕ぎ付けました。

1990年代になってから、残る集電音と空力音の対策が進められました。集電音で最も大きいのは離線によるパチパチというアーク音、パンタグラフの数を減らすとともに高圧ケーブルで接続して対策しました。パンタグラフにはカバーを取り付けて遮音効果を持たせるとともに、パンタグラフの形状も改良して空力音を減らしました。車両の軽量化・平滑化・先頭形状の改善なども進めて基準を達成、世界一静かな高速鉄道を実現しました。トンネルに絡む騒音については後述します。

要点BOX

- ●防音壁などで騒音を封じる対策
- ●車両の改良などで騒音を減らす対策
- ●世界一静かな高速鉄道の実現

市街地を通る高速鉄道の課題

## 新幹線の騒音源

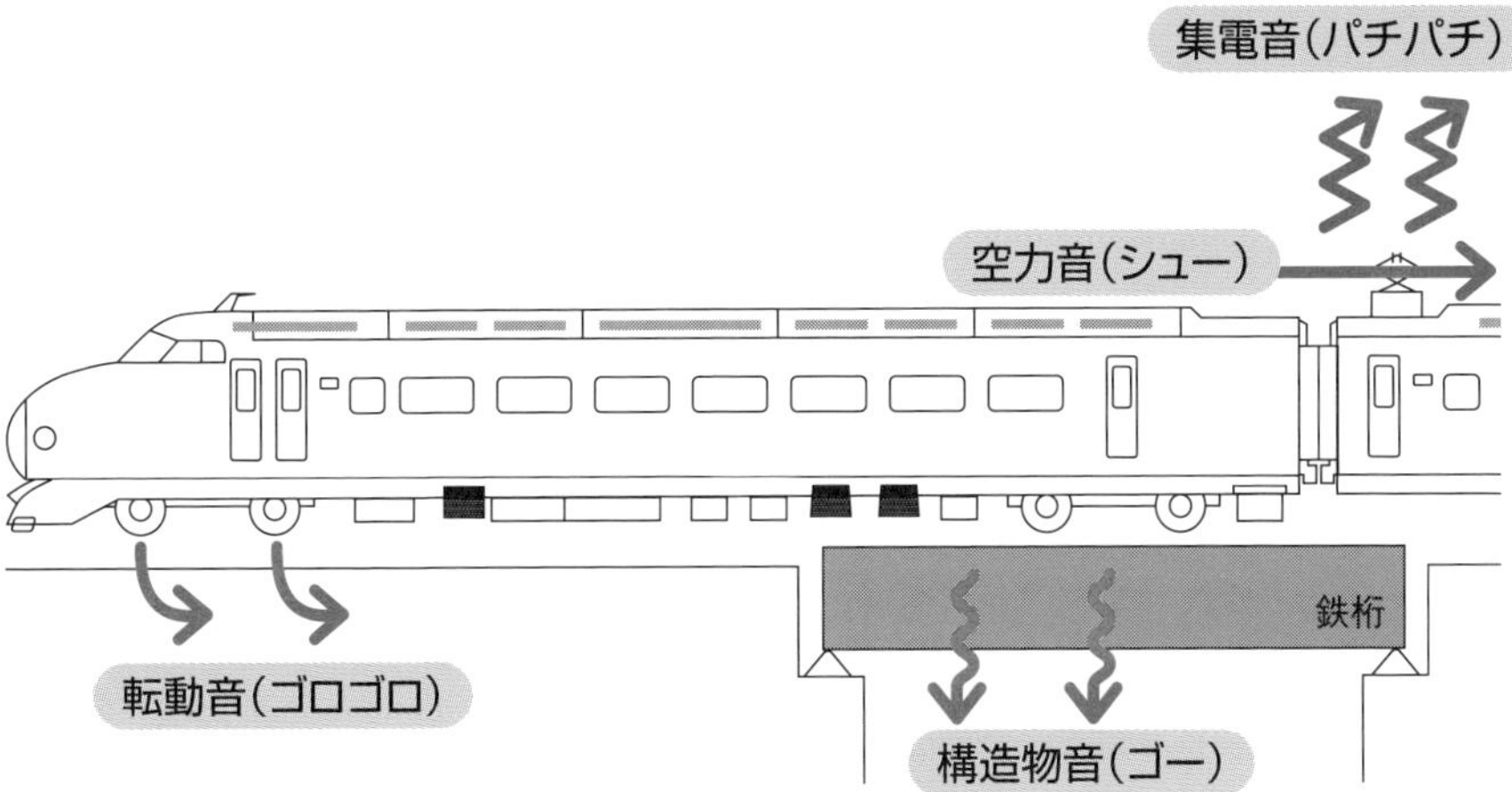


## 実施された騒音対策

**1970年代**

**転動音・構造物音対策**

防音壁の設置、鉄橋の防音工事、
車輪フラット防止など

**1980年代**

**転動音・構造物音対策**

レール削正の実施、
バラストマットの敷設、
防音壁の改良など

**1990年代**

**集電音・空力音対策**

パンタグラフ数の削減、パンタグラフカバーの取付、
パンタグラフ形状の改良、車両の軽量化・平滑化・
先頭形状の改良など

# 14 重量超過で線路の作り直しへ

## 自由席導入がもたらした大誤算

東海道新幹線が開業すると利用者が急増、営業的には大成功でしたが、全車指定席では乗客をさばき切れなくなりました。最初は特急「こだま」に自由席を設定、週末の東京～熱海間などは超満員で、換気能力不足で倒れる乗客が続出、デッキ付近の空調・換気能力を高めました。当然のことながら重量超過の状態で走ることになります。

左右1対の輪軸にかかる重量を軸重といいます。新幹線は指定席で定員しか乗車しないことを前提に、車両も線路も軸重16トンで設計しました。この数値は、新幹線開業前に東海道本線を走っていた大型の蒸気機関車や電気機関車と同じです。自由席にして定員の2倍乗車すれば、軸重は18トンを超えます。道路の橋は過積載のトラックが通ることを前提に余裕を持って設計しますが、鉄道の線路や橋は決められた通りの軸重で設計するので、重量超過すれば当然のことながら傷んできます。

1970（昭和45）年の大阪万博で新幹線は大量輸送に活躍、1972（昭和47）年には山陽新幹線が岡山まで開業しますが、この頃から盛土の変形や橋梁《きょうりょう》の亀裂など、東海道新幹線の劣化は放置できなくなりました。1974（昭和49）年から半日運休での「新幹線臨時総点検」を4回実施、それに基づいて1976（昭和51）年から水曜午前中を運休にする「体質改善工事（新幹線若返り工事）」を6年間に44回も実施して、線路や橋梁を作り直すほどの大工事を行い、やっと正常運行できるようになったのです。

今日、新幹線は安全・正確・迅速な乗物と誰もが思っていますが、それは一朝一夕《せき》にできあがったものではありません。未知の時速200kmがもたらす数々の試練を克服し、時には人命を危うくする事故の再発を防止し、改良を重ねながら今日の新幹線システムを作り上げたのです。第3章からは、いよいよ新幹線技術の各論へ入っていきます。

**要点BOX**

- ●デッキが超満員で呼吸困難になる乗客も
- ●重量超過で線路や橋梁が劣化
- ●半日運休の大工事を44回実施

## 新幹線半日運休を知らせるマスコット

水曜午前中を運休にする体質完全工事（新幹線若返り工事）を1976年から6年間に44回も実施

## 現在0系と呼ばれる新幹線

（1985年、新大阪）

**豆知識**《まめちしき》

当初は○○系という呼び方はなかった。
後に0系と呼ばれるこの車両は改良に改良を重ね
新幹線の完成度が向上していった。

Column

# 水没から車両を救った作戦

２０１９年10月12日の夜、台風で増水した千曲川《ちくまがわ》の堤防が決壊し、長野新幹線車両センターに留置中の新幹線E7系（W7系を含む）12両編成10本が床上まで浸水しました。この車両基地を建設する際、過去の洪水データに基づいて地盤を約２ｍ嵩《かさ》上げしましたが、未曾有の洪水に襲われました。水没した１２０両は復旧を断念し、廃車となりました。

新幹線の歴史上、車両基地が水没する前に12両編成13本の車両を救った事実がありました。１９６７年７月９日の夜、大阪の鳥《とり》飼《かい》車両基地の横を流れる安威川《あいがわ》（当時は川床が周囲より高い天井川）が台風で増水、21時半頃に警戒水位を越えました。

安威川が豪雨で氾濫することは想定しており、車両基地水没前に車両を高架の本線上へ逃がす計画がありました。上り最終列車は既に通過、下り線は平常運転しながら車両基地内の車両を上り線に上げ、順次京都方面へ送り本線上に留置しました。最後に保線用車両も本線に上げ、全ての車両を水没から救いました。

翌朝、本線上に留置した車両は京都駅で一旦折返し、新大阪駅から上り列車として平常運転しました。しかし、水が引いた車両基地で問題発生、ポイントを動かす転轍機《てんてつき》が浸水で動かなくなりました。車両が基地に戻れないと、２日以内に行う検査ができず、当時は貯留式だったトイレの汚物抜取作業もできなくなります。

予備の転轍機は大阪地区では確保できず、東京地区で予備をかき集め、臨時に仕立てた回送列車のデッキに転轍機合計34台を載せ、「ひかり」のダイヤで走らせました。その日の夕方までに浸水した全ての転轍機を交換、車両基地を復活させました。

国土交通省の発表によれば、豪雨による水没の可能性がある新幹線車両基地は全国に5カ所、稀な災害への備えが求められます。

▲北陸新幹線の車両が水没した長野新幹線車両センター
写真：東京新聞、2019年10月18日付

# 第3章
# 快適な旅を支える技術

# 15 座席の変遷

## 3人掛け座席の進化

新幹線の車体幅は3・4m（在来線は2・9m）、普通車の座席は通路を挟んで3+2人掛けとなっています。山形・秋田新幹線に乗入れるE3系・E6系などは在来線と同じ車体幅なので2+2人掛け、2階建て新幹線E4系の一部は3+3人掛けもあります。東海道新幹線開業時の0系の座席は転換式クロスシートと呼ばれるもので、背もたれを前後に動かすことによって座席の向きを転換することができました。

1980年代になると座席のリクライニングや広いテーブルへの要望が高まりましたが、3人掛けの場合は座席を回転させると前後の座席とぶつかってしまいます。1982（昭和57）年に開業した東北・上越新幹線の200系では、3人掛けの座席だけ車両の中央を境に背中合わせになるように固定しました。その後に東海道・山陽新幹線に登場した100系では、座席ピッチを広げて3人掛けの座席も回転できるようにして現在に至っています。

欧州では列車の進行方向が変わることが多いためか、座席の向きは固定されている場合がほとんどです。日本では3人掛け座席の回転のため座席ピッチを広げましたが、結果的に飛行機よりもゆったりした座席が実現しました。1人で新幹線を利用する時、わざわざ3人掛けの真ん中を予約する人はいないと思いますが、両側からの圧迫感を減らすため、窓側・通路側より若干広くなっています。

新幹線の座席には座面が前後に、枕が上下に動かせるものなどがあり、最近はパソコンなどの電源用にコンセント付きも増えてきました。座席の回転は乗客が手動でできるほか、東北・上越・北陸などの新幹線は一斉に自動回転でき、終着駅で清掃中に見ていると、1列おきに自動で回転するのがわかります。秋田新幹線は大曲《おおまがり》で進行方向が変わりますが、大曲～秋田間は所要30分程度なので、座席の向きは東京～大曲間の進行方向に合わせています。

**要点BOX**

- ●初期は転換式クロスシートだった
- ●リクライニングシート化、3人掛けは固定式
- ●現在は回転式リクライニングシート

## 転換式クロスシート

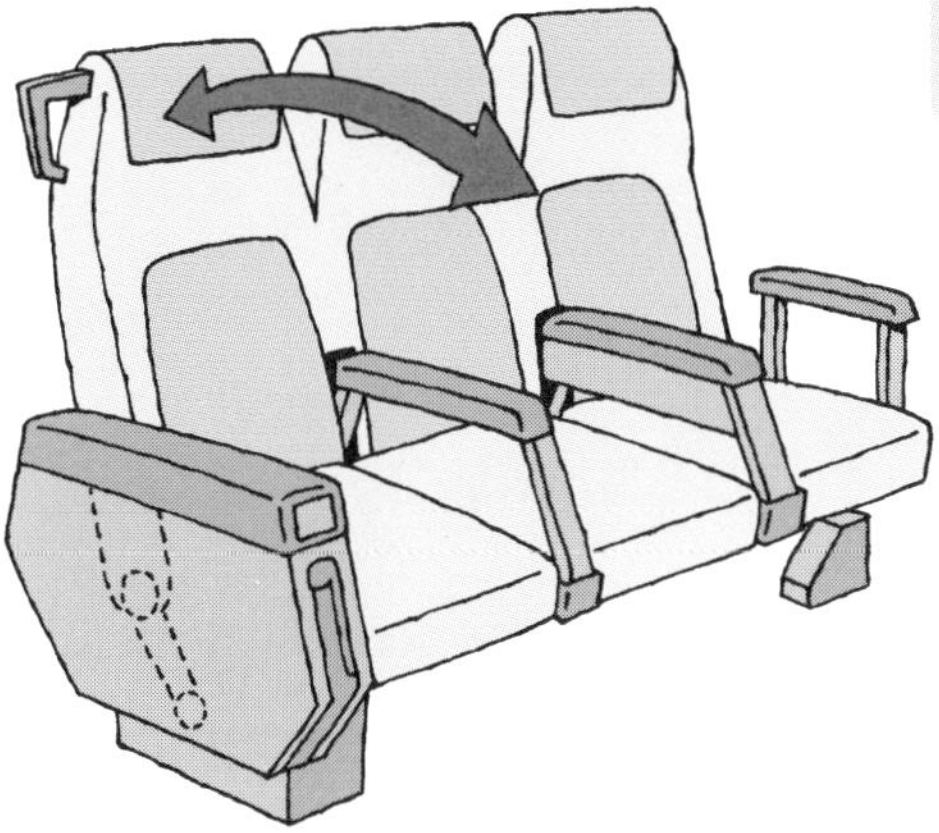
背ずりを前後に
転換できる構造


## 回転式リクライニングシート

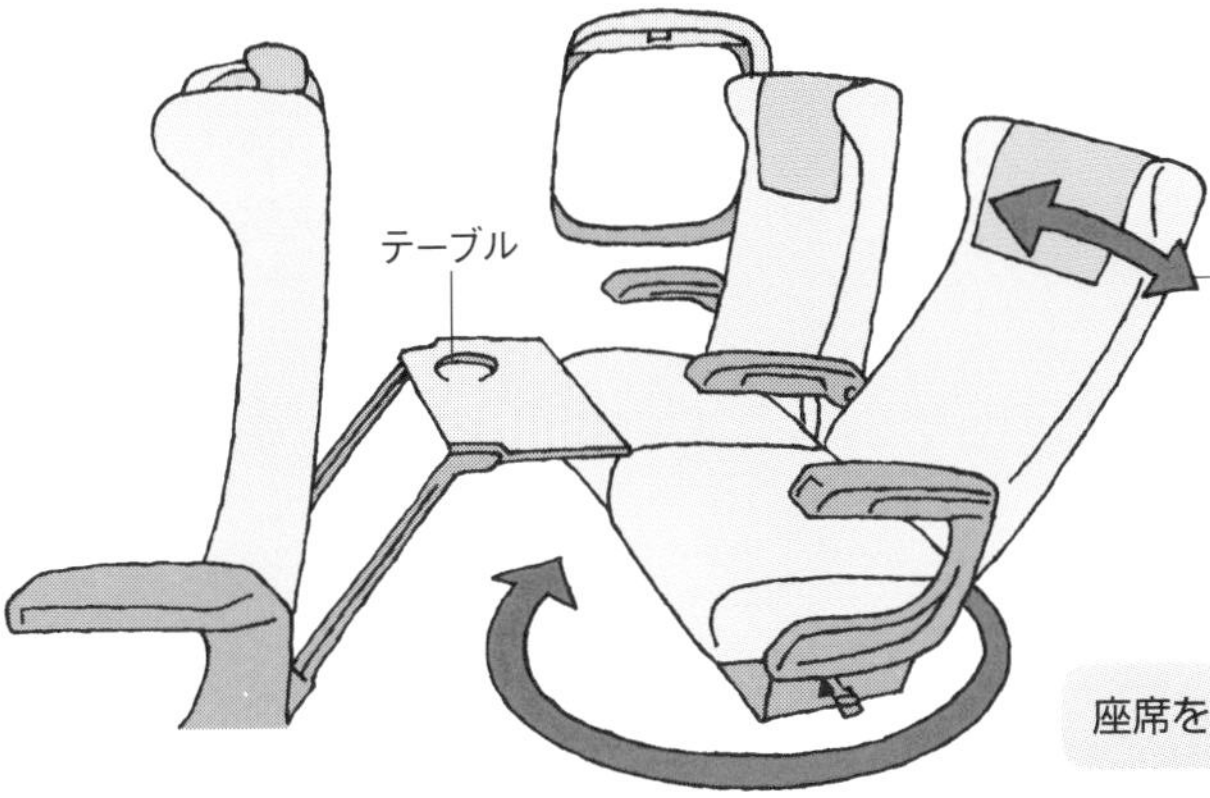
リクライニング
座席を回転できる構造

シートピッチが狭いので3人掛けの座席は回転できず、車両の中央で背中合わせになるように固定した東北·上越新幹線の200系

(1982年6月23日、開業初日の盛岡駅)

# 16 トンネルでも耳ツンなし

圧力を保つ車体の気密構造

列車がトンネルに突入すると、耳がツンと感じることがあります。これはドアの隙間や換気装置を通して車内の気圧が急に高まるために起こる現象です。一方、現在の新幹線は車体が気密構造のため、トンネルに突入しても耳ツンは起こりません。しかし、第2章で述べたように開業当時はデッキやトイレは大気開放で、客室を仕切るドアが圧力差で開かなくなる、トイレの汚水が吹き上がるなど、信じられないような問題が起こりました。

新幹線が駅に到着する時、ドアを内側からよく観察してください。ドアは内側から車体のゴム製パッキンに強く押し付けられて気密を保っており、ドアの両脇を見ていると開く寸前にそのロックが外れるのがわかります。逆にドアが閉じた後はロックせずそのまま発車し、ある程度の速度に達してからロックが掛かることがわかります。これはドアに何かが挟まれた場合、すぐにロックを掛けると抜き取ることが難しくなるためです。

換気装置は東海道新幹線が開業してしばらくの間は、トンネルを通過中は位置を検知して自動的に締切る方式でした（製紙工場が集中して異臭が感じられる地域でも締切っていました）。しかし山陽新幹線はトンネル区間が長く、この方式だと換気できる時間が短くなるので、給気口・排気口にそれぞれ圧力調整可能なファンを設けて車内の圧力を保ちつつ、連続して換気できるシステムに改めました。

日本は山がちなのでトンネル区間が長いことに加え、新幹線のトンネル断面や上下線間隔は世界の高速鉄道と比較して小さいため、トンネル内の気圧変動は激しくなります。気密を保つことは快適な旅を支える重要な技術なのです。また新幹線の車両の寿命は在来線より短く15〜20年ですが、トンネルの出入りで車体が縮んだり膨らんだりを繰り返し、気密構造が劣化してしまうことが理由のひとつです。

**要点BOX**

- ●走行中はドアをパッキンに押し付けて気密確保
- ●車内の気圧をコントロールできる換気装置
- ●トンネル通過で縮んだり膨らんだりする車体

## ドアの気密構造

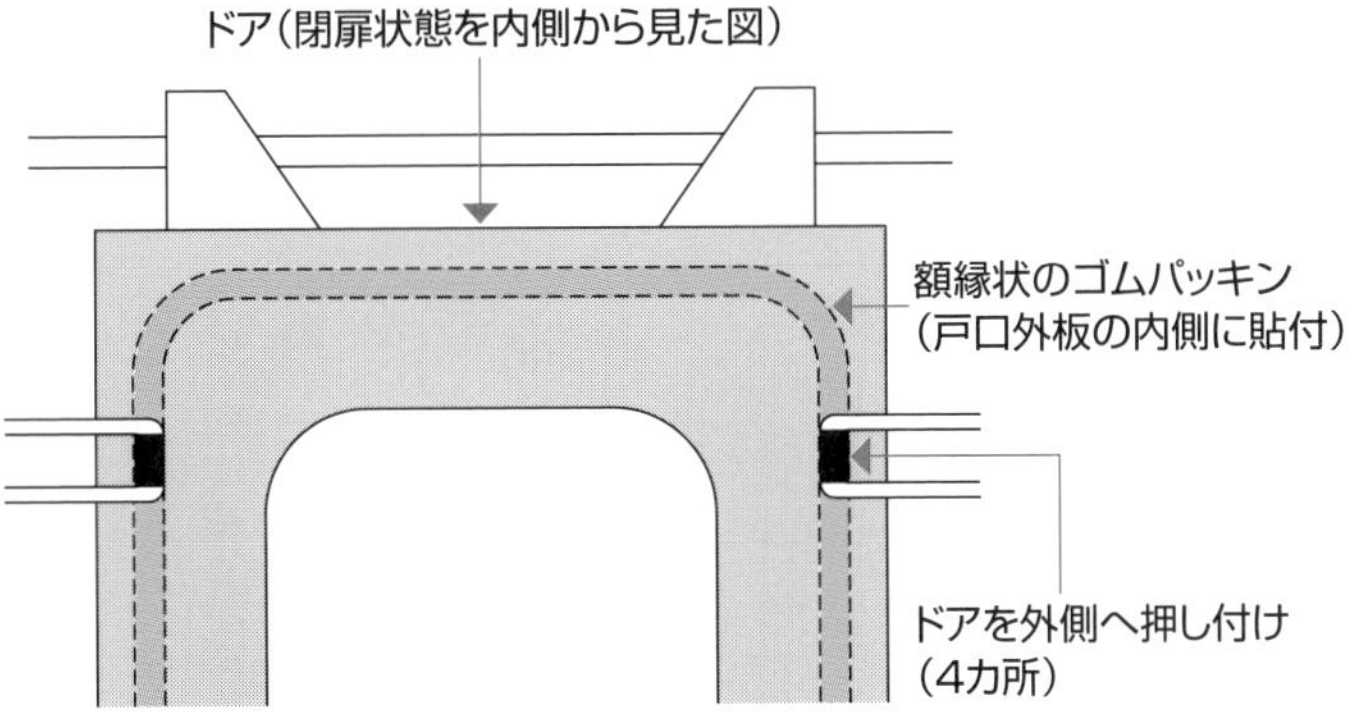


## 連続換気システム

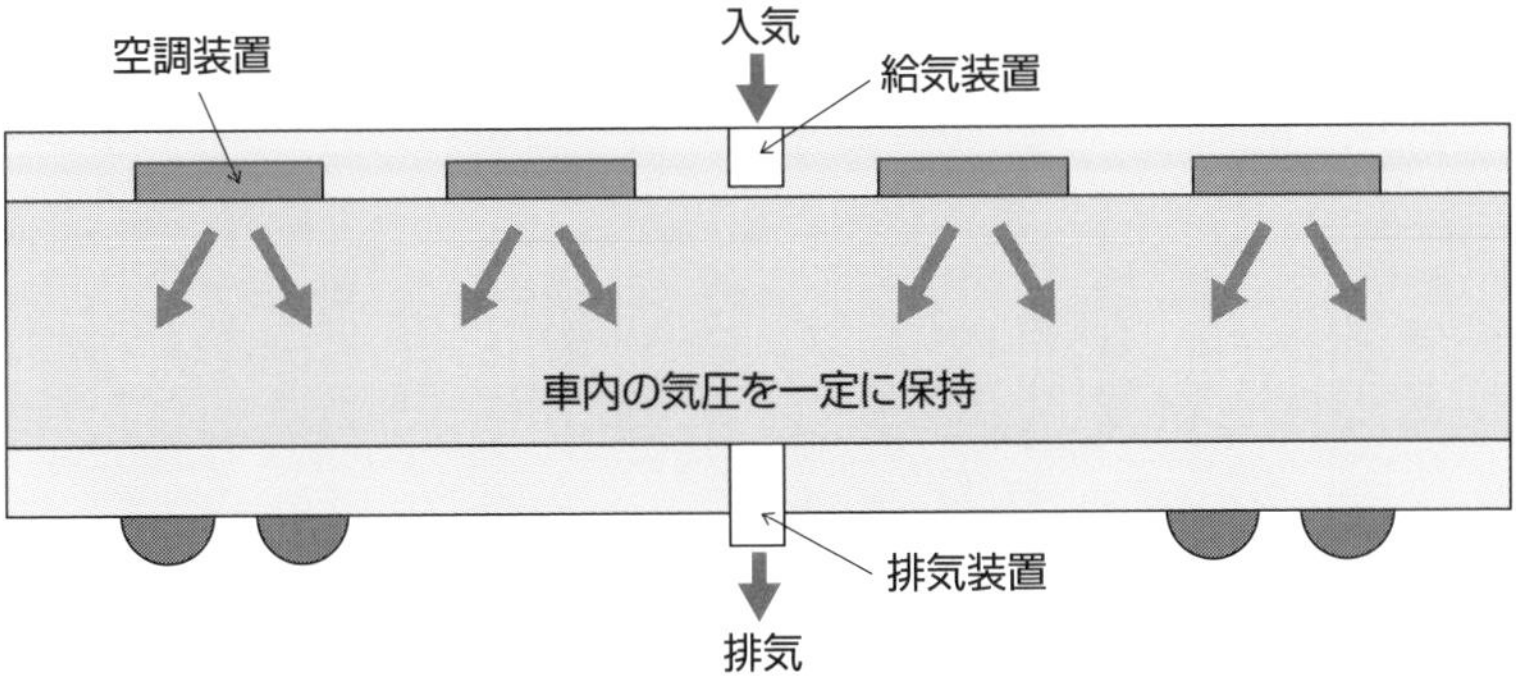


## 気圧による車体の圧縮・膨張

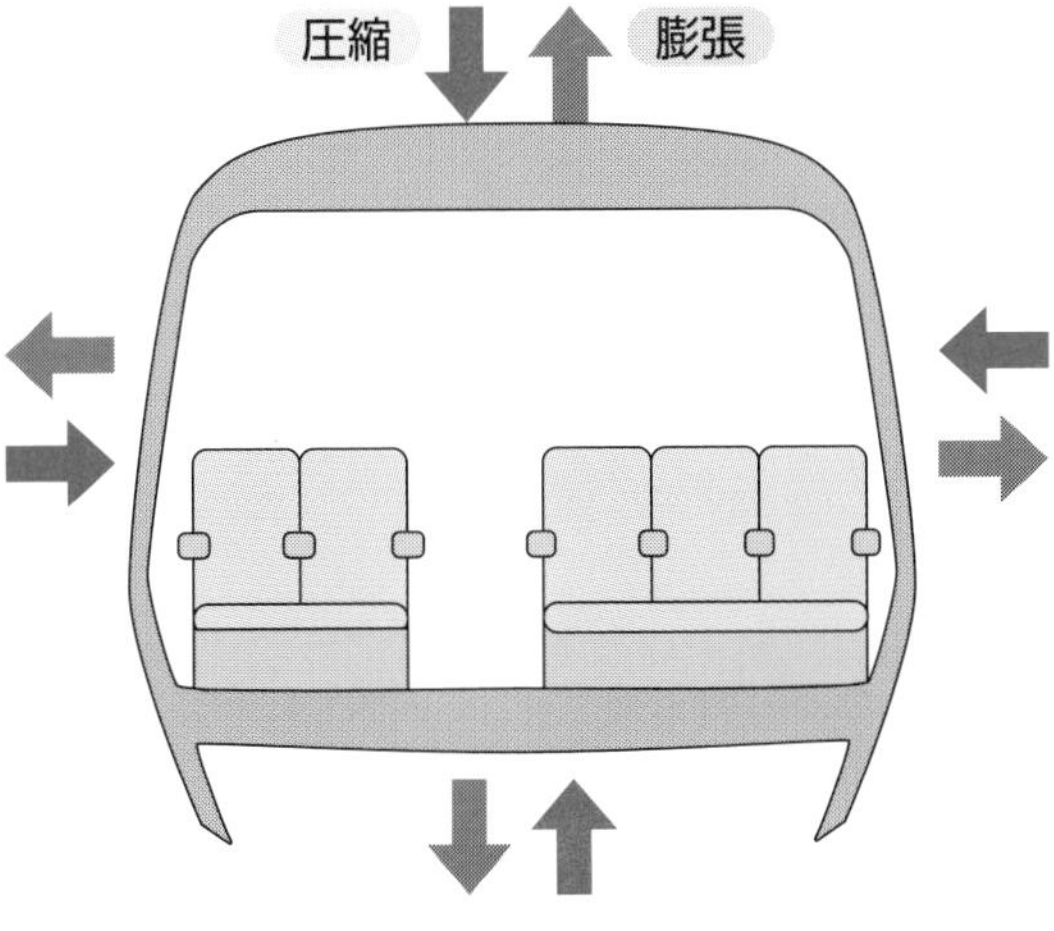

# 17 夏も冬も快適な温度の車内

## 空調装置も進化している

東海道・山陽・九州新幹線の空調装置は冷房のほか、ヒートポンプ機能を使って暖房も行っています。寒冷地を走るその他の新幹線は暖房に電熱ヒータを使っていますが、電熱ヒータは空調装置の中に仕込まれているので、乗客から見れば冷気・暖気とも空調装置から出てきます。

最初の0系では空調装置は天井裏に分散して設置され、ダクトを使わず直接車内に冷気・暖気を送り込みました。東北・上越新幹線の200系、東海道・山陽新幹線の100系からは天井裏に1〜2台集中して設置され、ダクトを通して車内に送り込みました。しかし2階建ての車両では天井裏・床下とも設置スペースがないため、車端部の床上に機器室を設けて設置しました。1990年代以降の新幹線の空調装置は、スペースが許す限り床下に1〜2台集中して設置されるようになりました。

空調装置は外気温の変化、乗客からの発熱、換気との関係など細やかな温度調節が必要ですが、1980年代まではオン・オフで制御するしかありませんでした。その後は空調電源にインバータを導入し、強弱を調整しながら連続して運転することが可能になりました。また新幹線のように交流電化の鉄道では、架線に電気を供給するセクション（架線の境目）でごく短時間の停電が発生するため、装置停止直後の再起動を頻繁に行う制御も必要です。

空調装置と密接な関係にあるのが換気装置、以前は喫煙できる車両が多かったので、換気装置は重要視されていました。最近では新型コロナウイルスの対策として、密閉を避けるため換気が強く推奨されましたが、新幹線1両で毎分30〜40㎥の換気を行っているので問題ありません。しかし、そのように大量の換気を行うと空調の効果が下がってしまうので、熱交換器を設置して入気と排気で熱交換をして省エネルギーを図っています。

**要点BOX**

- 分散から集中へ、天井裏から床下へ
- オン・オフ制御からインバータ制御へ
- 入気と排気で熱交換して省エネ実現

## 空調装置の設置場所

空調装置　冷気・暖気の流れ

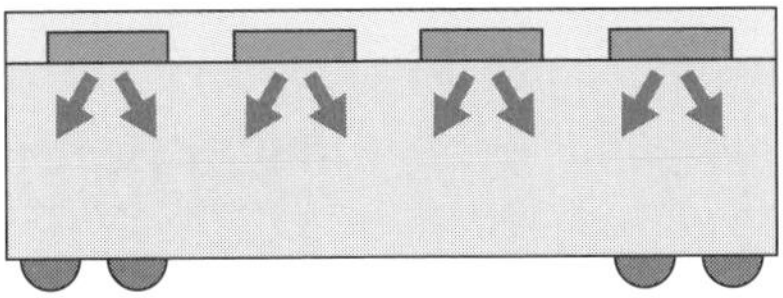

0系
天井裏に分散して設置

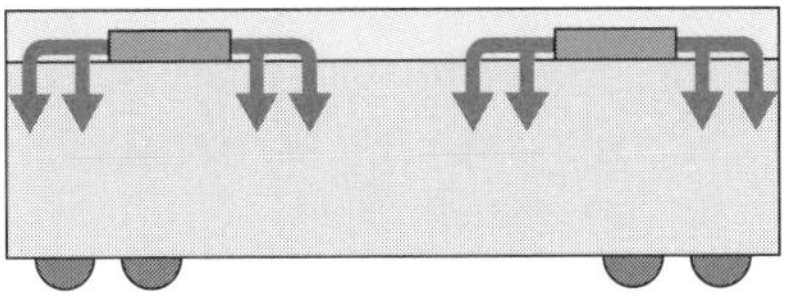

200系・100系
天井裏に1～2台設置

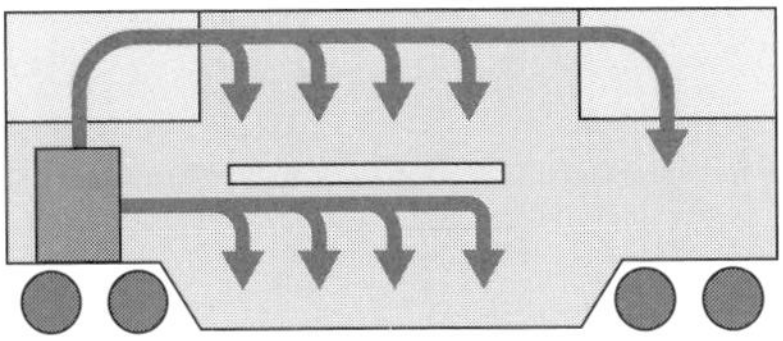

2階建て車両
床上に機器室を設けて設置

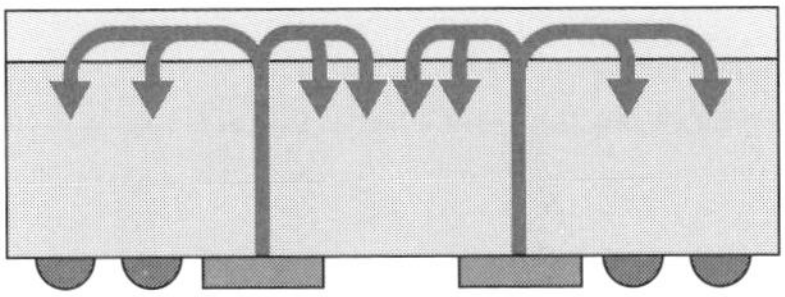

1990年代以降
床下に1～2台設置

## 換気装置における熱交換

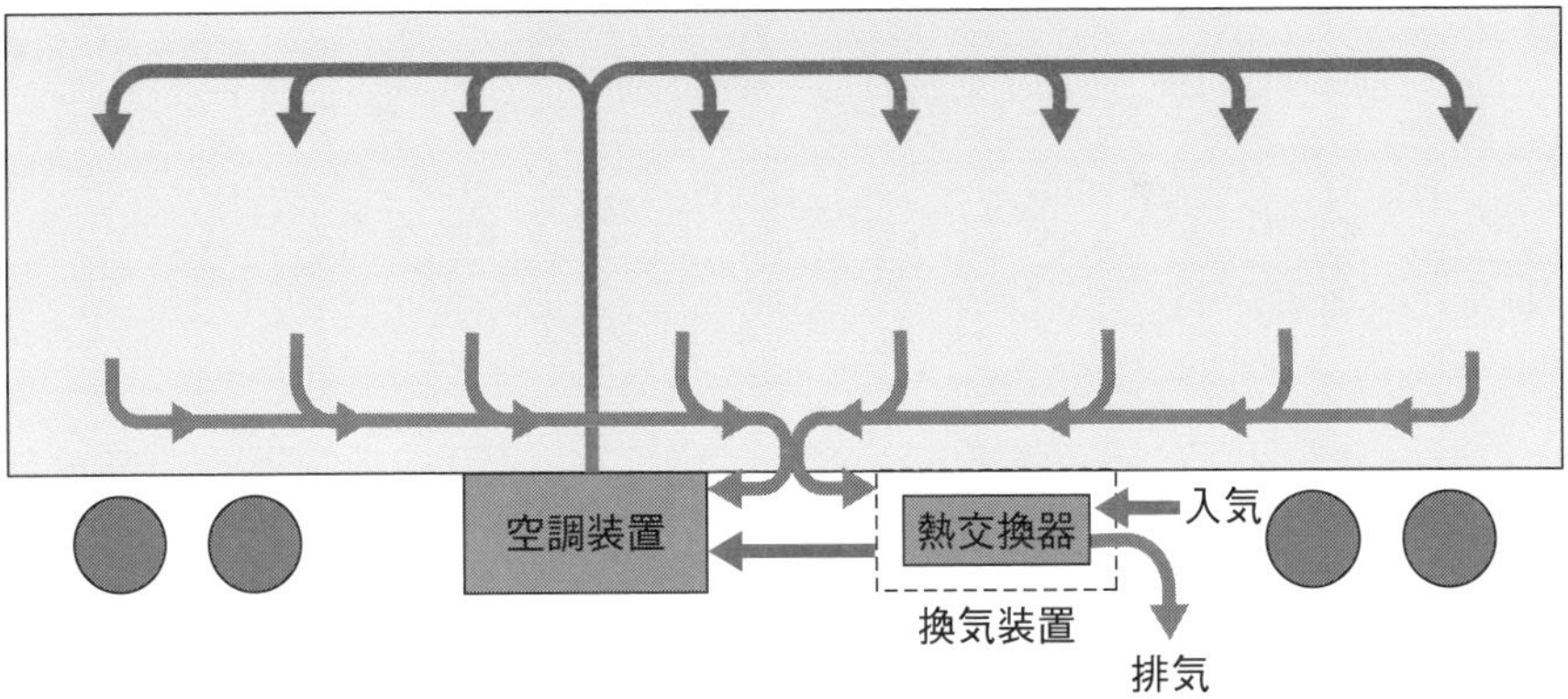
空調装置
熱交換器
入気
換気装置
排気

インバータ制御や
熱交換器を使い、
よりエコで快適な空間を
作り出しているよ

# 18 快適なトイレを追求して

## 汚物処理装置の進化

在来線の列車のトイレは垂れ流し式が常識だった時代、新幹線は床下に汚物タンクを設けて車両基地で抜き取る方式を採用、世界的にも画期的な方式でした。しかし、タンクの容量は限られており、東京〜新大阪間を1往復するのが限界で、その都度車両基地に回送して汚物を抜き取る必要がありました。当時は山陽新幹線との直通運転を控えて、貯留式を改良する必要に迫られていました。

そこで開発されたのが循環式汚物処理装置です。タンク内の汚物から液体のみろ過し、脱臭・消毒液を混ぜて青く着色し、洗浄水として再利用するものです。ステンレス製の便器に青い水が流れるトイレをご記憶の読者もいらっしゃるでしょう。洗浄水の使用量が著しく減少するので、同じタンクの容量でも余裕ができ、車両基地での汚物抜き取りは2〜3日に1回で済むようになりました。

1990年代になると噴射式（清水空圧式）、そして真空式が実用化されました。それまでの循環式は薬剤で処理した洗浄水を循環使用するため、臭気の発生が避けられませんでした。そこで噴射式では、洗浄水に清水を使用、便器に特殊なコーティングをして汚物が付着しにくくし、洗浄ノズルを工夫してわずかな洗浄水の噴射で便器洗浄できるようにしました。また汚物タンクから臭気が上がらないように、便器の下にバルブを設けています。

真空式もかなり普及してきました。便器と汚物タンクの間には予備汚物タンク（移送タンク）があって、その入口・出口にはバルブを設けています。まず予備汚物タンクの中を真空にしておき、入口のバルブを開けると汚物が吸引され、わずかな洗浄水で便器を洗浄します。次に入口のバルブを閉めてから予備汚物タンクに空気を加圧、出口のバルブを開けると汚物が圧送されて汚物タンクに落下します。新幹線のトイレは半世紀でこれだけ進化しています。

**要点BOX**

- ●洗浄水を再利用する循環式
- ●洗浄水を節約する噴射式
- ●空圧技術を駆使した真空式

## 循環式汚物処理装置

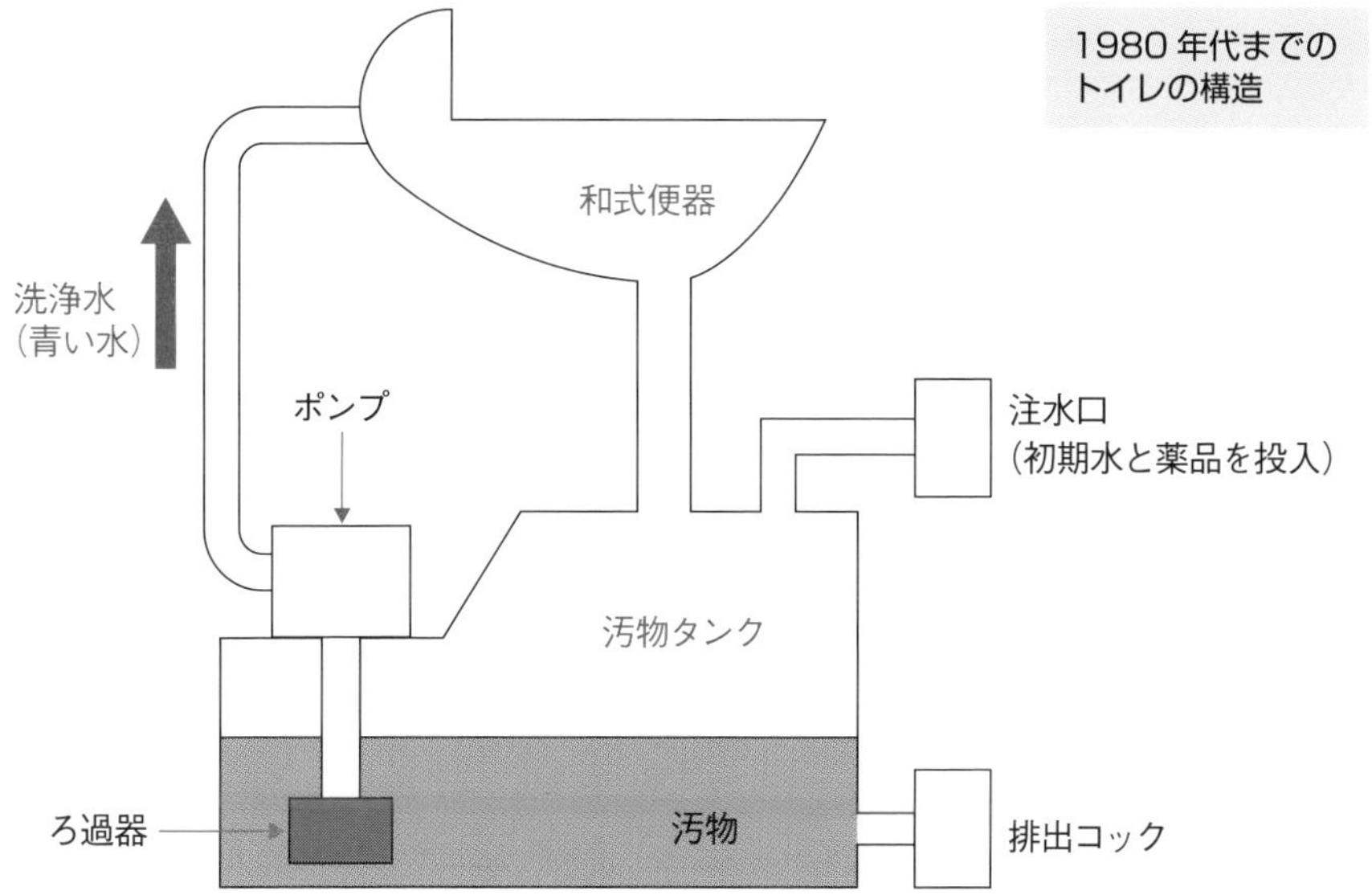

1980年代までの
トイレの構造

## 真空式汚物処理装置

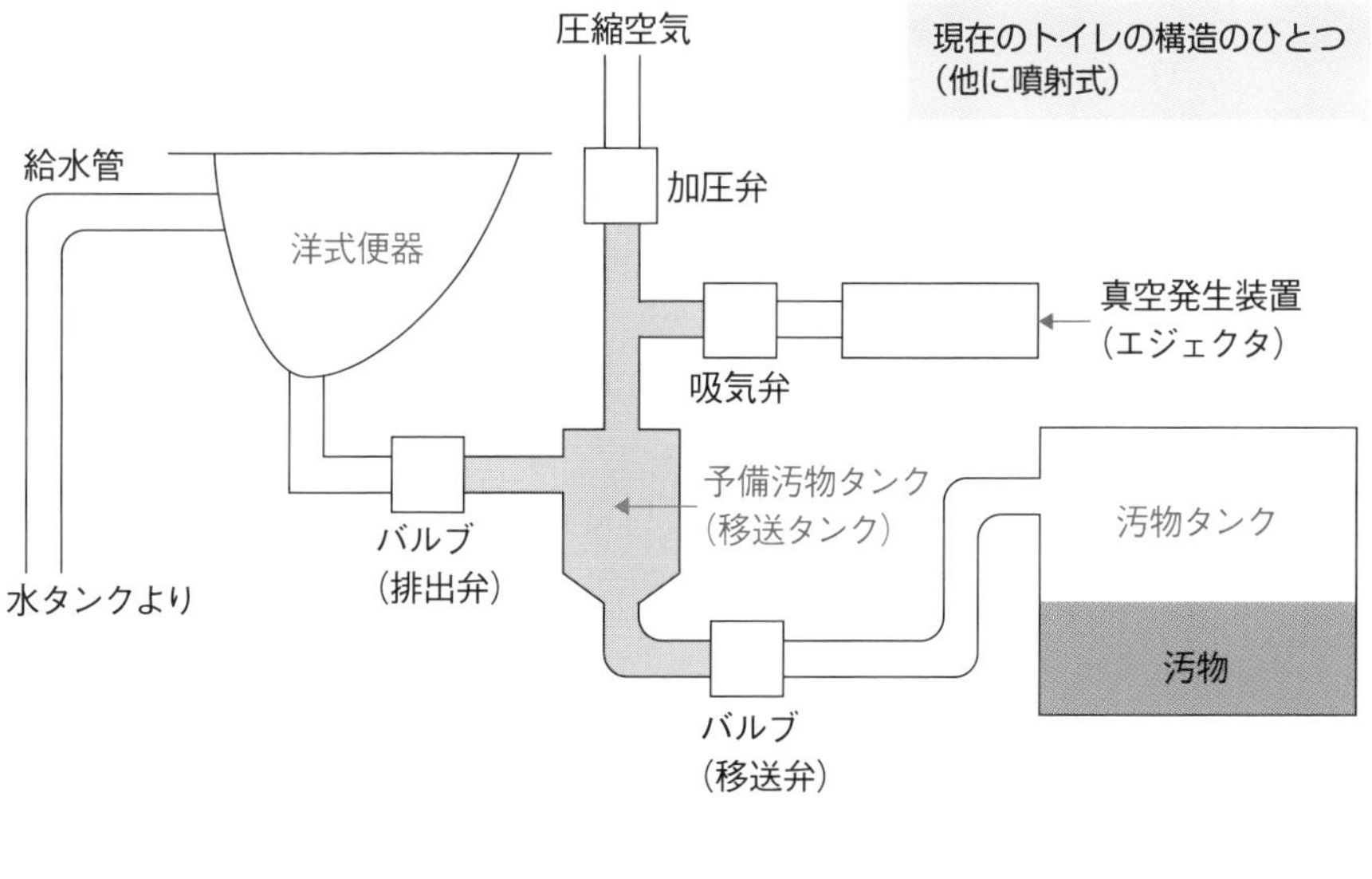

現在のトイレの構造のひとつ
（他に噴射式）

# 19 グリーン車と特別座席

## くつろぐことができるゆとりの車内空間

グリーン車（1964年の開業当時は1等車）の座席は通路を挟んで2＋2人掛けで、前後のピッチも普通車より広くなっています。リクライニングシートは深々としてゆったりとした座り心地、需要に応じて1編成に1〜3両連結されていますが、グリーン車がない編成もあります。天皇皇后両陛下が新幹線にご乗車の場合はグリーン車を利用され、後述の特別座席を使われることはありません。

1985年に東海道・山陽新幹線に登場した100系は16両編成中に2階建て車両が2両連結され、そのうち1両の1階部分には、グリーン車扱いの個室が設けられました。1・2・3・4人用の個室で、ビジネス客はもちろん、小さな子供を連れた家族客の利用もありました。東北新幹線200系の一部にも1990年に2階建て車両が登場、1階部分には1人・4人用の個室が設けられ、後年には個室の一部を利用してマッサージ店としたものもありました。

現在、東北・北海道新幹線のE5・H5系、北陸・上越新幹線のE7・W7系の下り方先頭車には、グランクラスと称する特別座席があります。飛行機のファーストクラス並みの座席が通路を挟んで1＋2人掛けで配置され、専任アテンダントが乗務しています。乗客には軽食のほかアルコール類を含む飲物が無料で提供されます。一部の列車では専任アテンダントによるサービスがない場合もあります。

また特別な車内設備を持つ列車もあります。山陽新幹線500系「こだま」の先頭8号車には、お子様向け運転台があって、走行中の車内で子供用にアレンジしたハンドルを操作することにより、実際に新幹線を運転しているような臨場感を味わうことができます。山形新幹線を走る「とれいゆつばさ」は、在来線の特急扱いですが新幹線E3系を改造して車内に足湯を設け、温泉街を散策しながら飲食が楽しめるような車内設備になっています。

**要点BOX**

- ●個室があった2階建て新幹線100系・200系
- ●飲食サービスもあるグランクラス
- ●車内に足湯がある列車も

## 個室グリーン車があった100系

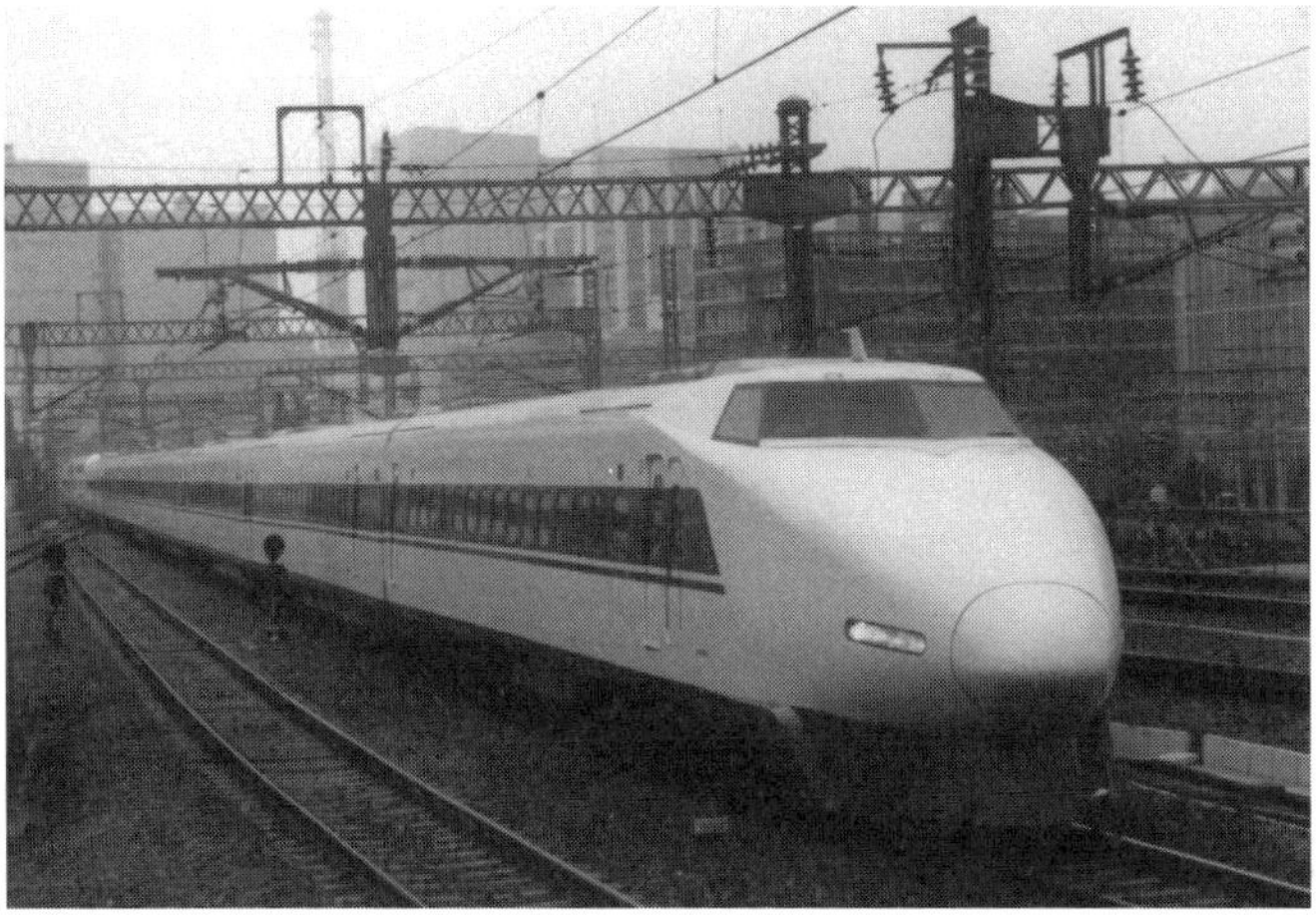

（1985年、東京）

100系16両編成中央の2階建てグリーン車の1階部分に1･2･3･4人用の個室

## E5･H5系、E7･W7系のグランクラス

1+2人掛けの座席配置。専任アテンダントが乗務、軽食のほかアルコール類を含む飲物を無料提供

# 20 頂点を極めた食堂車

東海道新幹線開業当時は、全線乗車しても4時間程度のため食堂車は設けず、1両の半分をビュッフェ（軽食堂）とした車両を、12両編成中に2両連結しました。山側窓際のカウンターには椅子を設け（後に立食形式に変更）、壁面には大きな速度計、車端には公衆電話を設けていました。海側の厨房には電子レンジがありましたが、当時はまだ一般に普及しておらず珍しい設備でした。

新幹線での本格的な食堂車は、1975年の山陽新幹線博多開業に備えて登場、その前年に東京～岡山間で営業を開始しました。山側に通路を設けて食堂は壁で仕切られ、食卓は海側が2人用・山側が4人用でした。当初は仕切壁に窓はなく、富士山を眺めて食事をしたいという声に押されて途中から窓を設けました。厨房は上り方面の海側にあり、車内での調理が可能な設備を揃えていました。

1985年に東海道・山陽新幹線に登場した100系は16両編成中に2階建て車両が2両連結され、そのうち1両の2階が食堂、1階が厨房と通路になっていました。食堂入口の階段を登ると、東海道を走る歴代の列車を描いた壁が客を出迎え、何ともいえぬ高揚感を覚えたものです。4人用の食卓ごとの車窓は屋根まで回り込んだ曲面ガラス、2階なので沿線の防音壁や通り抜ける客に邪魔されることもなく、移りゆく景色を眺めながら食事をするには最高の空間でした。新幹線の歴史上、供食サービスが頂点を極めたのはこの食堂車でした。

しかし1990年代に入ると、採算が合わず食堂営業の撤退が相次ぎ、2000年までに食堂車の営業はなくなりました。また東海道・山陽以外の新幹線には、本格的な食堂車が登場しませんでした。最近では、飲食物を買ってから乗車するパターンが増え、食堂・ビュッフェはおろか車内販売まで撤退する傾向にあり、一抹の寂しさを感じます。

要点BOX
- ●短時間の旅に対応するビュッフェ
- ●2階建てを有効に活用した食堂車
- ●乗客の飲食パターンの変化

## 博多開業に備えて登場した0系食堂車

左側(山側)の通路との間は窓のある仕切壁

## 2階建て100系の食堂車

2階が食堂、1階が厨房と通路、新幹線の歴史上供食サービスが頂点に達した時代の食堂車

(2011年、リニア・鉄道館)

# 21 快適な旅を支える車内清掃

## 短時間で完璧な清掃を行う技術

新幹線の列車が終着駅で折返す時は、車内清掃と座席転換を行います。忘れ物チェックとゴミ集め、座席転換、床の清掃、テーブルの清掃と同時に窓と座席を整え、必要に応じて座席カバーを交換、それと並行してトイレ・洗面所の清掃を行います。異常な汚れにも対応が必要で、折返し時間に余裕がないとかなり難しい作業になります。

首都のターミナル東京駅、高速鉄道の運転頻度で世界一の東海道新幹線が発着するホームは、3面6線で折返し時間は15分しかありません。東北(山形・秋田・北海道を含む)・上越・北陸の各新幹線が発着するホームに至っては、2面4線しかなく折返し時間はたった12分、そのうち降車に2分、乗車に3分かかるので、清掃に使える時間は正味たった7分しかありません。海外の高速鉄道ターミナル駅で、運転頻度に対する規模がこんなに小さな例はなく、折返し時間はもっと長く確保しています。

そのインフラのハンディキャップを克服しているのが、清掃スタッフの技術とチームワークです。マニュアルに沿った訓練をしていることはもちろんですが、スタッフの提案により小さな改善を積み重ね、質を落とさず(むしろ向上させ)作業時間の短縮を実現しているのです。東京駅で下車する時、清掃スタッフがよく声を掛けてくれますが、服装も地味な作業服ではなく明るいユニホームにしているのは、見せる清掃を通じて「乗客を魅せる清掃」をチームで実現、新幹線の快適な旅をトータルサービスで支える意気込みの表われです。

この第3章では、乗客が見たり体感できる話題を取上げました。次の第4章からは、電車の床下にあって乗客の目に触れることはないものの、新幹線を走らせる根幹となる技術を取上げていきます。書名の通り「トコトンやさしく」説明していきますので、どうか最後までおつきあいください。

**要点BOX**

- ●規模が小さ過ぎる東京駅新幹線ホーム
- ●明るいユニホームの清掃スタッフ
- ●清掃を核とするトータルサービス

## 短時間で行われる完璧な清掃

テーブルの清掃と同時に窓と座席を整えていく早技

秋田新幹線E6系+東北新幹線E5系を連結した17両編成。
東京駅での折返し時間は12分、清掃はたった7分間で完了　（2014年、那須塩原）

Column

# 在来線を改軌したミニ新幹線

全国の新幹線のうち山形新幹線（福島～新庄《しんじょう》間）と秋田新幹線（盛岡～秋田間）は、在来線の軌間1067㎜を1435㎜に改軌して東北新幹線と直通運転しています。旅客案内上は新幹線と称していますが、法律上は新幹線ではありません。このような路線をミニ新幹線と呼ぶこともあります。

最初のミニ新幹線は1992年開業の山形新幹線です。奥羽《おうう》本線（福島～山形間）の改軌工事に要した期間は約1年、建設費を抑えて早く新幹線を誘致するには有効な方法です。ただし急曲線を含む線形はほぼそのまま踏切もあるため、最高速度は時速130㎞が限度で、時間短縮効果は限定的です。1999年には新庄まで延伸されました。普通列車も標準軌の車両で、山形線と称しています。

秋田新幹線は田沢湖《たざわこ》線・奥羽本線（盛岡～大曲～秋田間）を改軌して1997年に開業、大曲で進行方向が変わります。田沢湖線内は普通列車も標準軌ですが、奥羽本線内は狭軌の普通列車が走るため、複線に見える線路は狭軌と標準軌の単線並列です。神宮寺《じんぐうじ》～峰吉川《みねよしかわ》間は新幹線がすれ違えるよう片側は標準軌、もう片側は狭軌と標準軌の三線区間になっています。山形新幹線にも過去には貨物列車を通すための三線区間（蔵王《ざおう》～山形間）がありました。

ミニ新幹線の車体幅は在来線と同じなので狭く、東北新幹線に乗入れるとホームと車体の間に約20㎝の隙間ができてしまうため、駅が近付くとドアの外に自動的にステップが出てきます。山形新幹線「つばさ」は福島から、秋田新幹線「こまち」は盛岡から東北新幹線に乗入れますが、「つばさ」は「やまびこ」と、「こまち」は「はやぶさ」と併結して走ることが多く、それぞれ福島駅と盛岡駅で分割・併合作業を見ることができます。E6系の「こまち」は、東北新幹線内では最高時速320㎞で疾走します。

▲盛岡駅での秋田新幹線E3系（当時）とE2系の併合作業（2009年）

# 第4章

# 高速走行を安定させる技術

# 22 線路とトンネルの規格

## 作り直しはできない重要な規格

第1章で述べたように、東海道新幹線は戦前の「弾丸列車計画」を布石として実現しました。したがって線路やトンネルの規格はその計画に倣《なら》っており、時速２００㎞以上は想定していなかったため、高速走行の可否にいちばん関わる最小曲線半径は２５００ｍとなっています。山陽新幹線以降は時速２５０㎞程度を想定して、最小曲線半径は４０００ｍとしています。なお、大都市中心部（たとえば仙台駅付近）では、在来線の線形に合わせたり用地の制約により曲線半径が小さい場合もあります。

すれ違い等を含む高速走行に大きく関わるのが、上下線間距離とトンネル断面積です。新幹線の上下線間距離は４・３ｍ（東海道新幹線は４・２ｍ）、複線トンネルの断面積は64㎡です。すれ違う列車の間隔は０・９ｍしかなく、これは海外の高速鉄道と比較して最低の数値ですが、現在建設されている新幹線もこの規格を踏襲しています。山がちな日本では建設費を削減するのに効果がありますが、この条件で時速２５０㎞以上で走行するには、車両側でいろいろな工夫をすることが必要です。

次は勾配です。新幹線の最急勾配は原則として15‰（パーミル、15／１０００）ですが、短距離ではこれを上回る場合があり、北陸新幹線には30‰、九州新幹線には35‰の急勾配があります。特に北陸新幹線の高崎～軽井沢間は30‰の急勾配が約30㎞も連続します。距離が長い勾配を高速走行する場合、上るより下る条件が厳しく、ブレーキを連続して使用しても問題ない性能が求められます。

そして許容軸重、左右1対の輪軸にかかる重量を軸重といいます。東海道・山陽新幹線は軸重16トンで設計しましたが、第2章で説明したように自由席の混雑による重量超過で線路を傷め、大きな問題に発展したため、東北・上越新幹線以降は許容軸重を17トンとしています。

**要点BOX**

- 高速走行の可否に関わる最小曲線半径
- すれ違いを含めた高速走行に関わる上下線間距離とトンネル断面積

## 高速走行に関わる規格

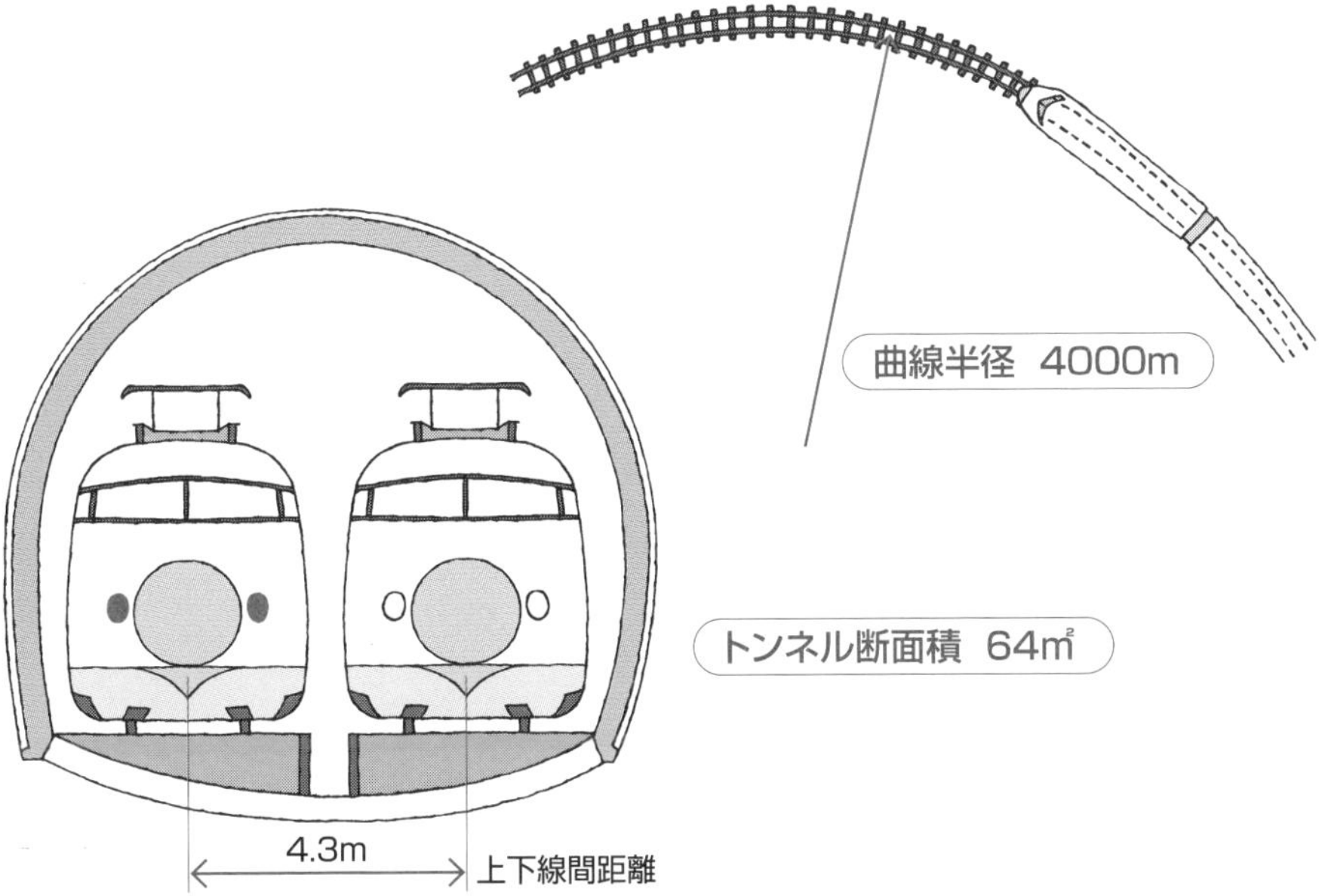


## 勾配と軸重

### 勾配の表し方

距離が長い勾配での高速走行は
上るより下るのが厳しい

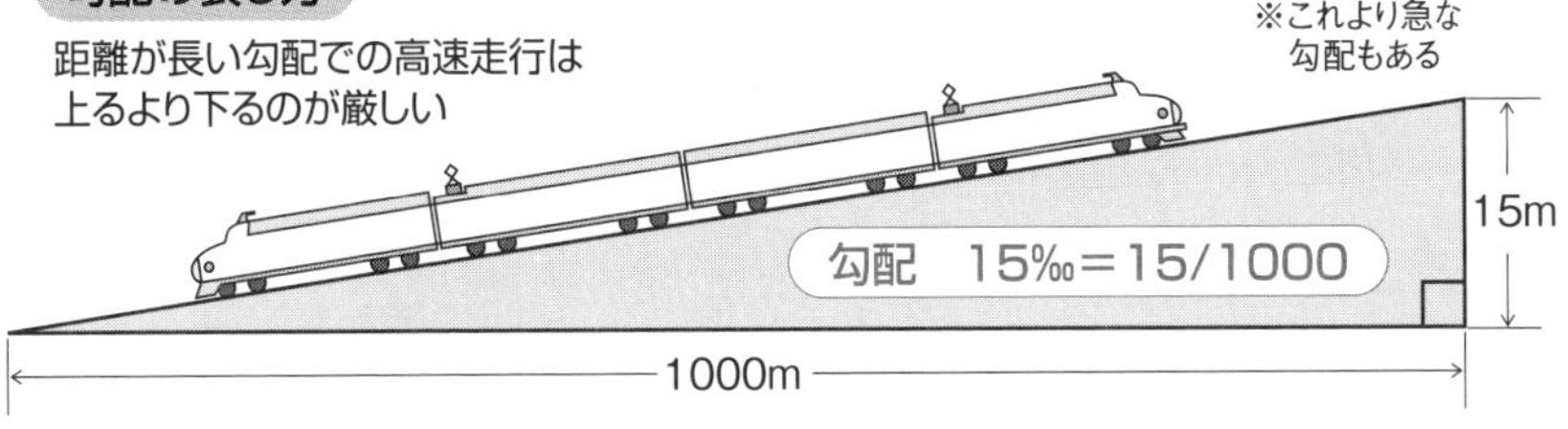


### 1対の輪軸にかかる重量

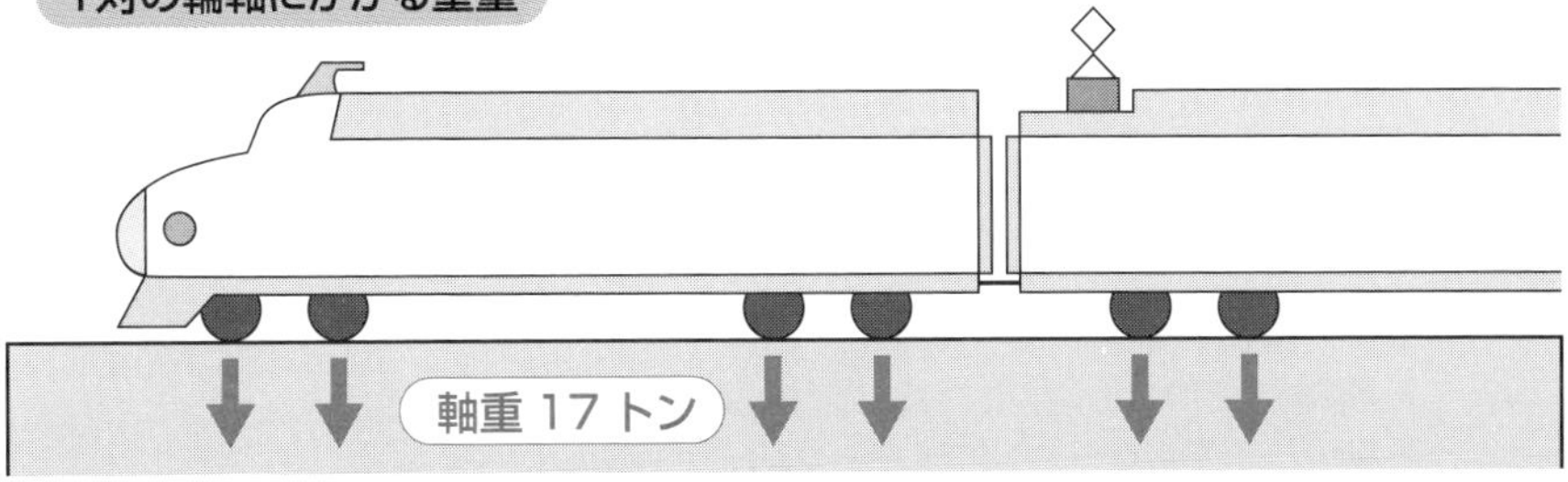


これ以上重いと線路を痛めてしまう

# 23 線路の構造と保守

高速走行を支える線路の技術

鉄道の線路は、2本のレールをまくらぎ（木製またはコンクリート製）が支え、それをバラスト（砂利や砕《さい》石《せき》）に埋めたような構造が一般的です。バラストは列車の荷重を広く分散させ、振動を吸収し、温度によるレールの伸縮を抑えるとともに、水はけをよくする役割があり、このタイプの線路をバラスト軌道といいます。バラストには角が丸い砂利よりも、角張った砕石の方が適しています。

バラスト軌道は列車の通過によりわずかずつ崩れてくるので、定期的に突き固めたり、レールの左右・高低の変位を修正したり、場合によっては泥が混ざったバラストを交換するなど、手間のかかる保守作業が必要になります。東海道新幹線はバラスト軌道を採用しましたが、重いレールを使ったり、レールの継目を溶接してロングレールとしたり、まくらぎをコンクリート製にしてレールを強く締結するなど、高速走行にも耐えられる構造としました。

山陽新幹線の岡山開業時に試験的に導入され、それ以後の新幹線に本格的に採用されて主流になったのがスラブ軌道です。スラブとはコンクリート製の板（長さ5ｍ、幅2・3ｍ、厚さ0・2ｍ）で、コンクリート路盤の上にモルタル層を介して平らに並べて敷設します。列車の通過によるレールの変位が少なく、保守作業を大幅に省力化できる長所がありますが、バラスト軌道と比較すると建設費が高く、振動・騒音を吸収しにくい短所があります。

また列車が高速で通過する新幹線の分岐器（ポイント）には、レールが交わる部分に隙間ができない可動クロッシングが採用されています。分岐器は列車の進路を変える先の尖ったレール（トングレール）を動かしますが、それと同時にクロッシング部の尖ったレール（ノーズ）も動かして隙間をなくします。高速走行のために開発されましたが、最近では騒音低減のために採用されることもあります。

**要点BOX**

- ●溶接により継目をなくしたロングレール
- ●保守作業を省力化できるスラブ軌道
- ●分岐器には可動クロッシングを採用

## バラスト構造

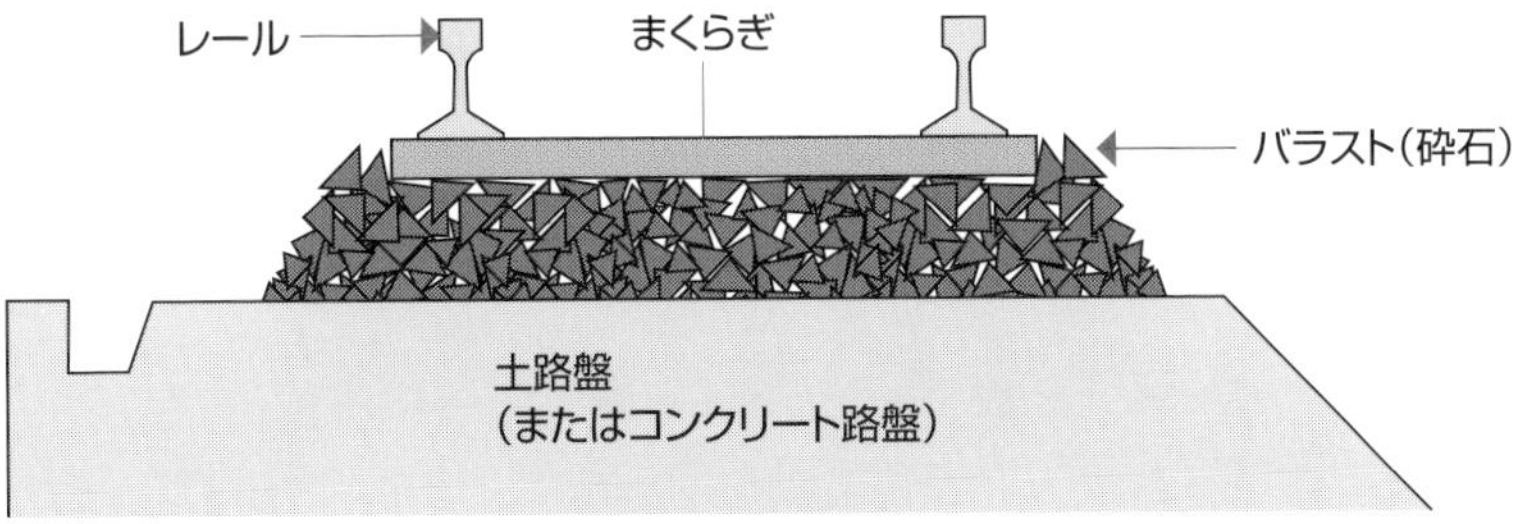


## スラブ軌道

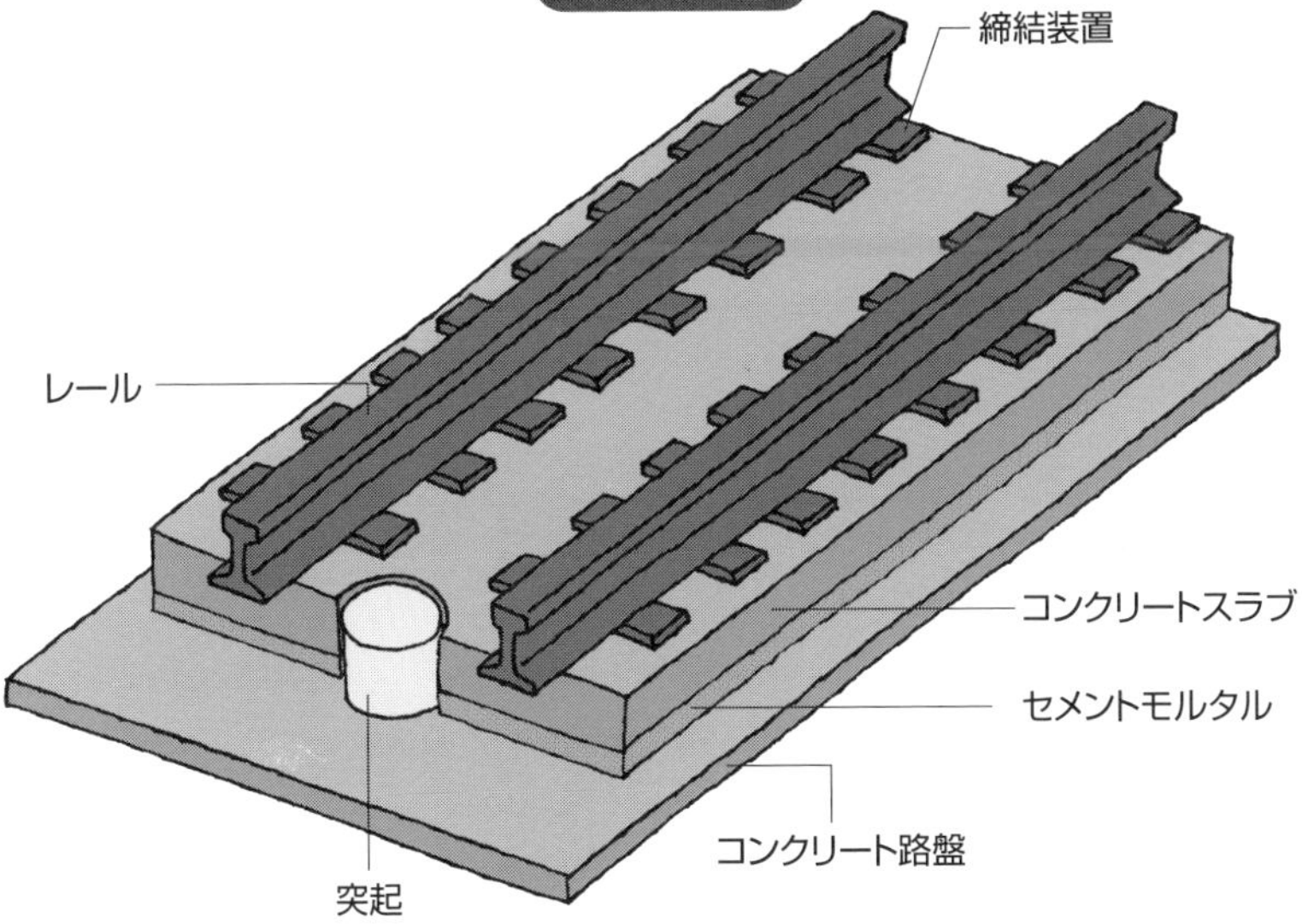


## 可動クロッシング

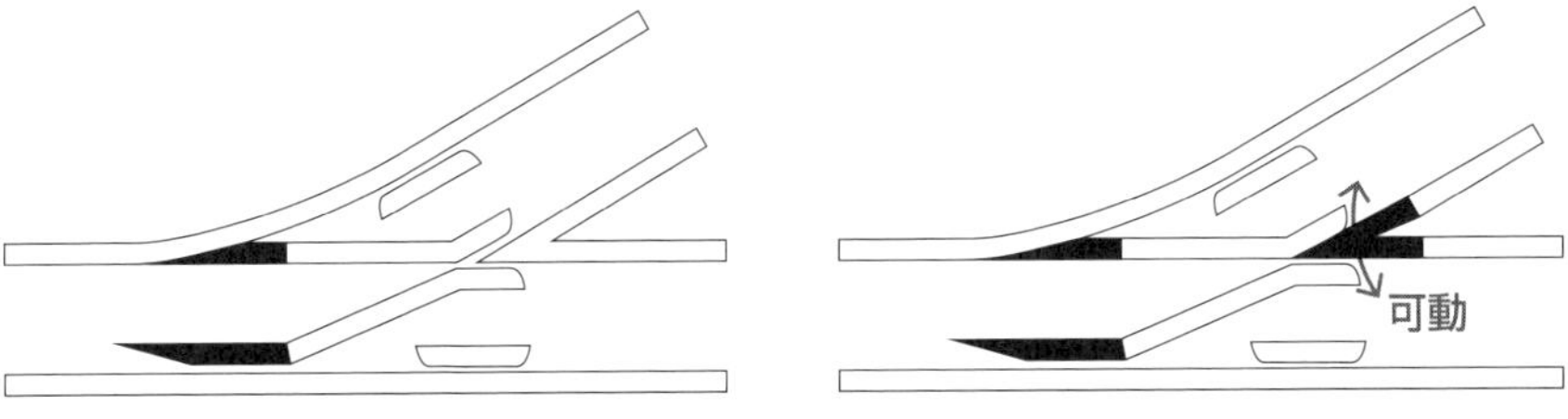


一般の分岐器

可動クロッシング分岐器
（可動ノーズ）

# 24 蛇行動の防止

高速走行を阻む大敵



鉄道車両が直線上を高速で走ると、突然左右に激しく揺れ出すことがあります。上から見ると蛇がくねって進むような運動であるため、蛇行動と呼ばれています。揺れが始まるとなかなか止まらない自励振動と呼ばれる現象で、乗心地が悪いだけでなく車両や線路に悪影響を与え、著しい場合は脱線にもつながります。1955（昭和30）年にフランスで時速331kmの最高速度記録を樹立した時は、電気機関車の蛇行動により軌道が大きく変形したそうです。

蛇行動が発生する根本原因は、車輪の踏面《とうめん》にわずかな勾配が付いていることです。その目的は曲線通過を容易にすることで、遠心力で曲線外側に押された輪軸は、外軌側では車輪径が大きな部分で接触し、内軌側では車輪径が小さな部分で接触し、曲線に沿って転がるように自己操舵機能がはたらくのです。しかし直線では踏面の勾配がわざわいし、左右に揺れる現象が発生するのです。

対策として、まずは新幹線の車輪踏面勾配を在来線より緩くして、蛇行動が発生しにくくしています。そして、台車が輪軸を支持する剛性を高くするとともに、台車が左右に転向する運動が蛇行動を助長するため、車体の荷重を受ける部分の摩擦を利用したりダンパ（振動を抑える部品）を設置して、台車の転向を抑制する対策を行いました。しかし、駅や車両基地の構内には急な曲線も存在し、これらの対策をやり過ぎると曲線走行に問題を生じるため、試行錯誤を繰り返しながら蛇行動を撲滅してきました。

現在、新幹線に乗って蛇行動を感じることはほぼ皆無です。ないのが当たり前になったので忘れられていますが、振動を解析して蛇行動を撲滅し、高速走行を実現させた先人の努力には脱帽です。そして、車両も線路も放っておけば蛇行動が再発するので、地道な保守作業により最適な状態を維持していることも知っていただきたいと思います。

**要点BOX**

- 鉄道車両の車輪が抱える宿命
- 直線走行・曲線走行を両立させる難しさ
- 先人の努力とそれを維持する保守作業

## 曲線における自己操舵機能

異なる車輪径でレールと接触する概念図

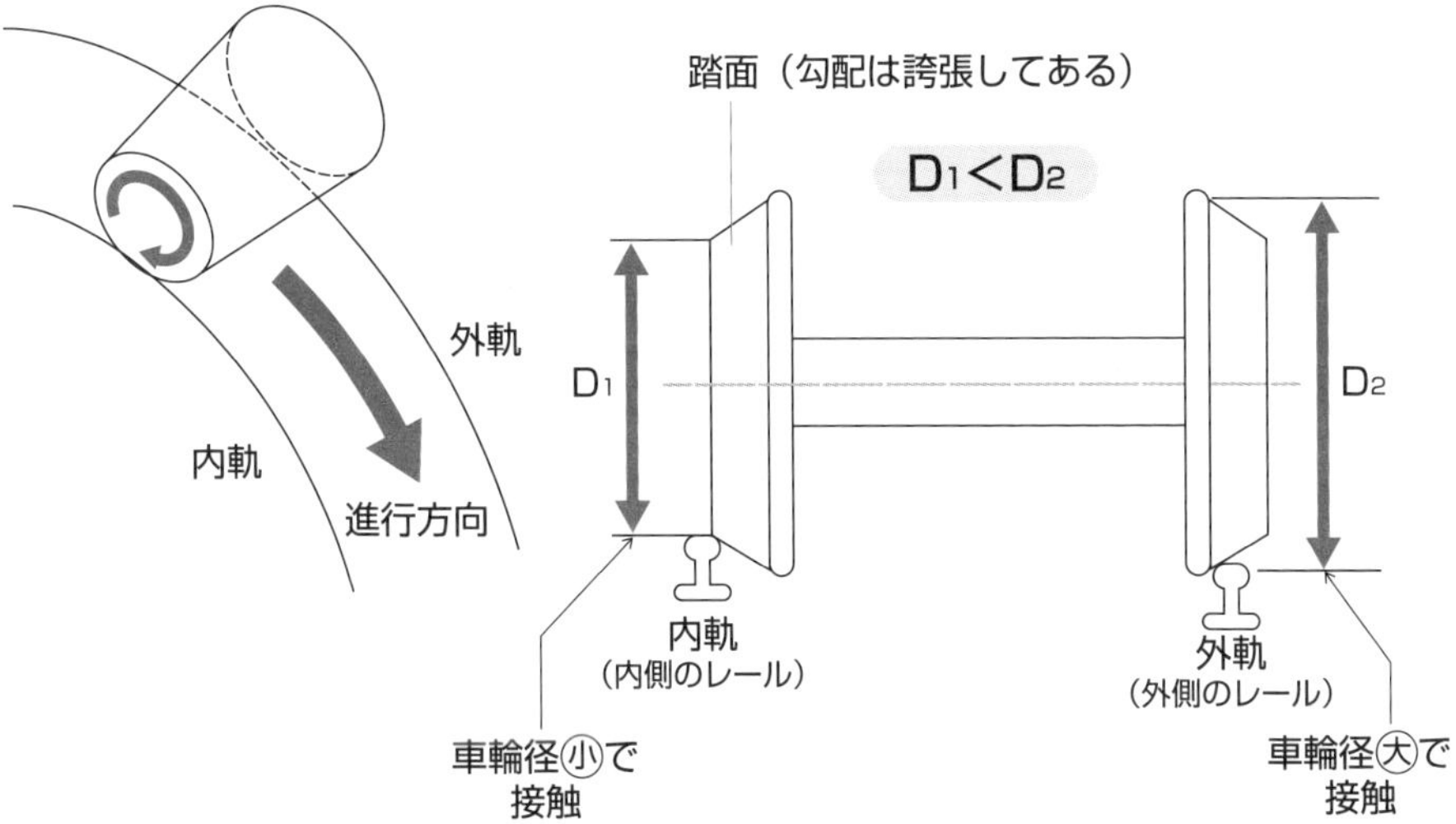


## 直線における蛇行動

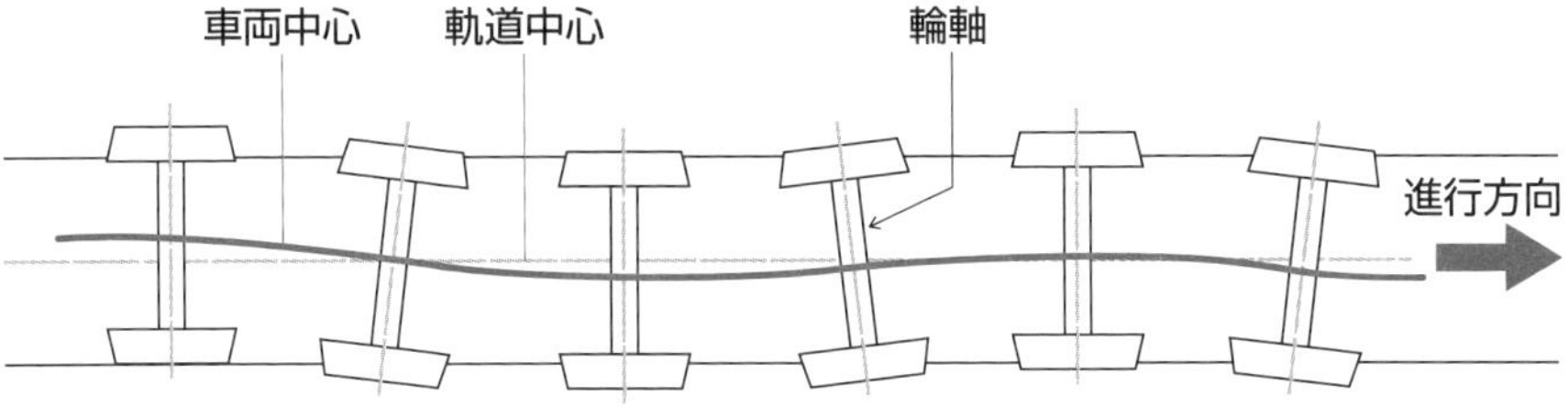


輪軸の蛇行動

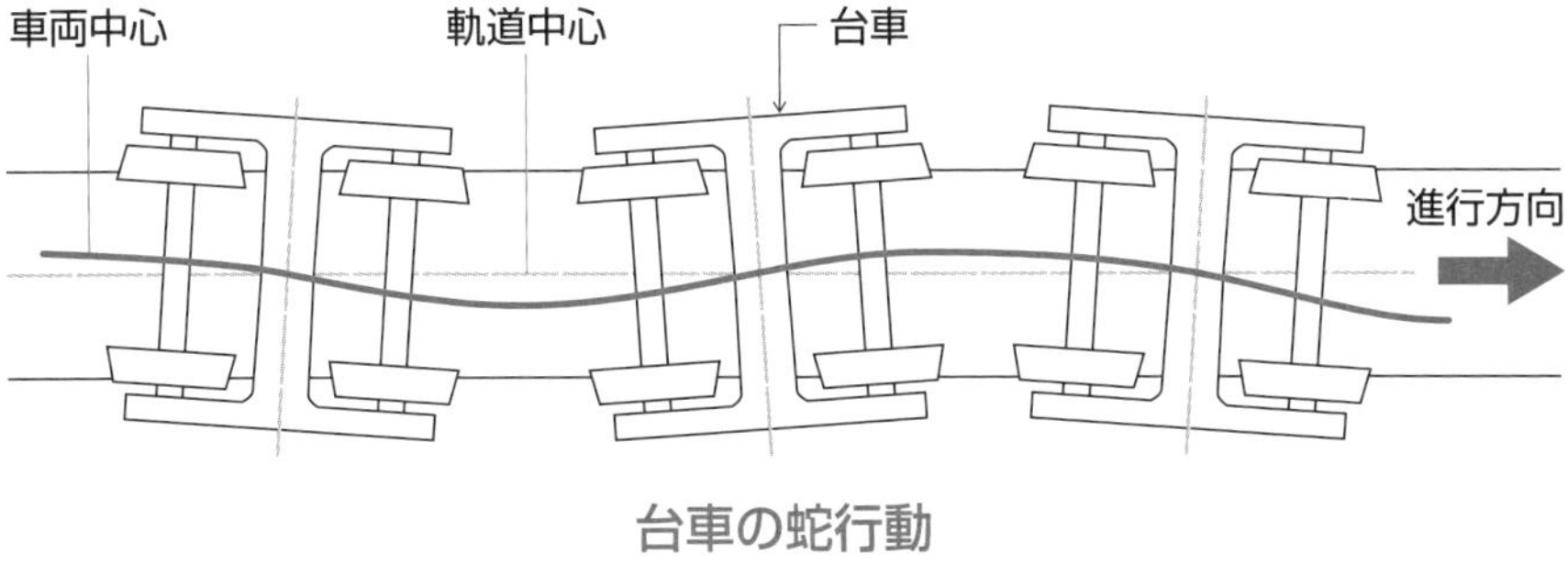


台車の蛇行動

# 25 台車構造の変遷

高速走行の鍵を握る技術

台車は鉄道車両の走行に重要な役割を果たし、新幹線では高速走行を実現する鍵を握っています。前項で説明したように蛇行動の防止が最重要課題で、そのため固定軸距（台車内の前後の輪軸の間隔）が在来線より長くなっています。車体と台車枠の間にはまくらばね、台車枠と輪軸の間には軸ばねがあって、荷重を伝えたり振動を吸収する役目を担っており、まくらばねに使う空気ばねによって、荷重が変化しても床面高さはほぼ一定に保たれます。

国鉄時代に設計された新幹線の台車は、まくらばねの下に左右方向の梁《はり》（ボルスタ）があって、その下で台車が心皿を中心に転向する構造で、転向の抑制は左右で荷重を受ける側受の摩擦によっていました。軸ばねの下にある軸箱は前後を板ばねで支持されるため、台車枠を前後方向に大きくして板ばねを支える必要がありました。

JRになってから（300系以降）台車の構造は大きく変化しました。ボルスタレス台車と称して左右方向の梁をなくし、台車の転向は空気ばねの横方向の変位で吸収しています。側受はないので、油圧で転向を抑制するヨーダンパを設置しています。軸箱の支持は、台車中心側だけに板ばねや梁を設けたり、円筒積層ゴムに案内させたりして、台車枠は小さくなりました。これらにより台車は大幅に軽量化されましたが、最も重要なばね下重量（軸ばねより下の重量）軽減については後述します。

従来の台車のばねやダンパは受動的に機能しましたが、最近ではアクティブサスペンションと称し、油圧・空気・電気などのアクチュエータを設けて制御することにより、能動的に乗心地を制御できるようになりました。また曲線通過時に外側の空気ばねを加圧して車体を内側にわずかに傾け、在来線の振子式電車と同様に、乗客が感じる遠心力を軽減している場合もあります。

要点BOX

- ●高速走行できる台車構造の確立
- ●ボルスタレス台車で大幅な軽量化
- ●アクティブサスペンションへ進化

## 台車構造

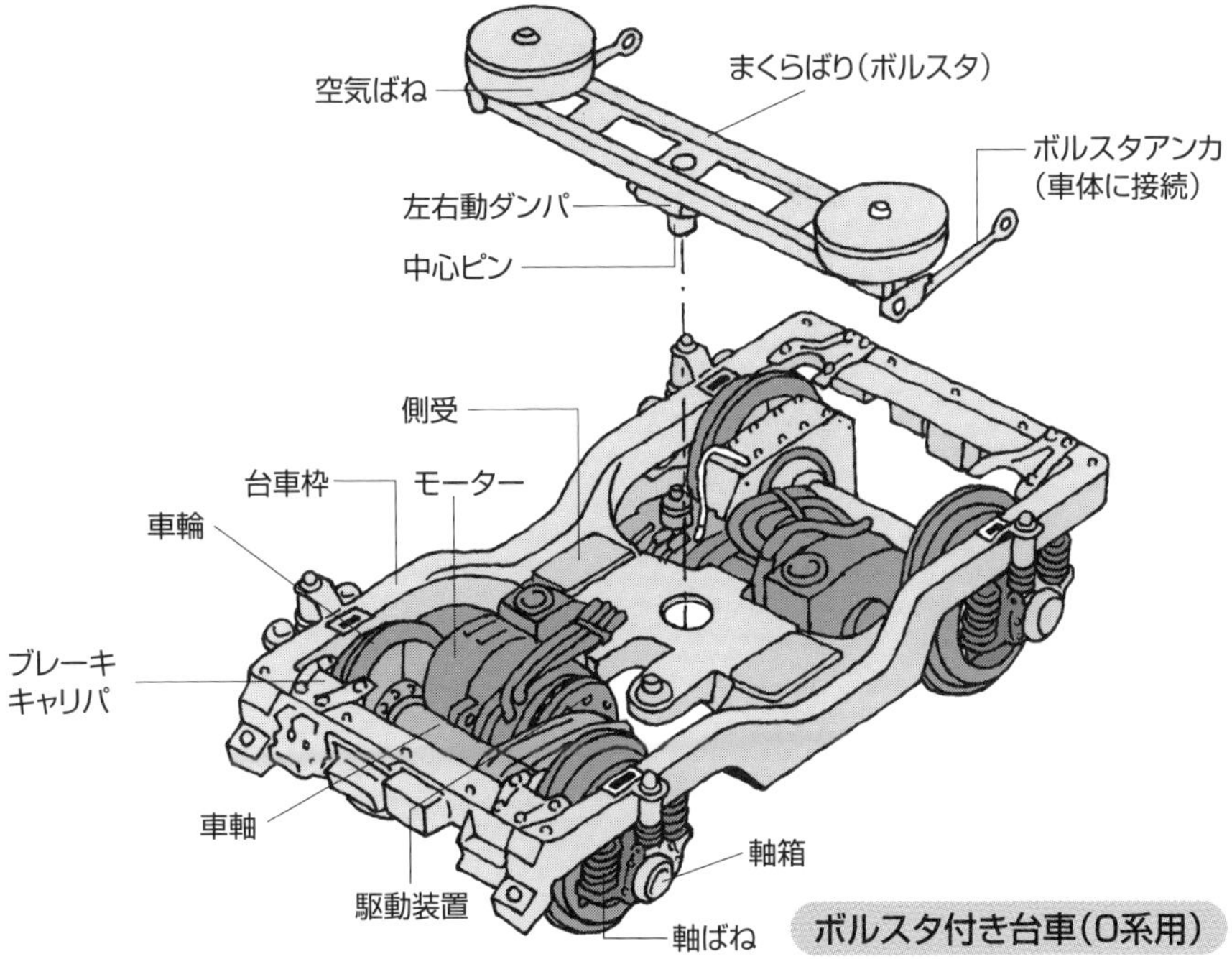

ボルスタ付き台車（0系用）

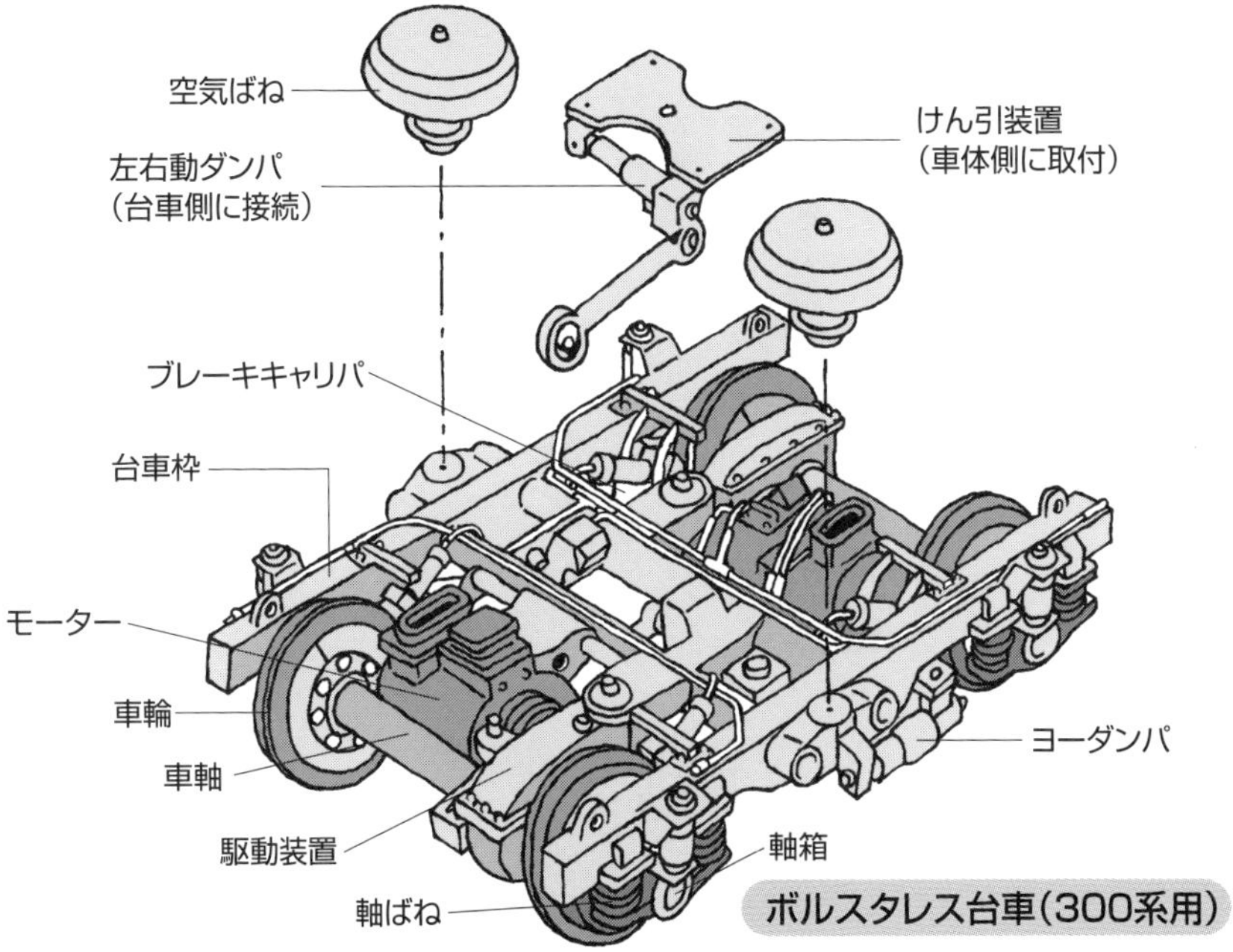

ボルスタレス台車（300系用）

# 26 折れない車軸の実現

## 車両の中で最も過酷な使われ方をする車軸

12項で車軸が折れたまま走行した話を書きました。車軸には1回転するたびに反対向きの大きな力、専門用語で言うと回転曲げ荷重《かじゅう》がかかり、車両の部品の中で最も過酷な使われ方をしています。新幹線の場合、1年間の回転数は在来線の数倍に達し、仮に折れた場合の被害は甚大なものになります。車軸は製造工程でも使用中の定期検査でも、極めて厳しい管理が行われています。

鉄鋼材料は熱処理で性質を変えることができますが、硬く強くする方法として焼き入れ（熱した材料を急激に冷やす方法）があります。通常の焼き入れでは材料の中まで硬質になりますが、硬くなると同時に脆くなってしまいます。新幹線の車軸は高周波焼き入れといって、表面だけ急激に熱して冷やすことにより、内部は軟質でしなやかな状態を保ち、表面だけ硬質で大きな力の繰り返しにも耐えられるような組織にする熱処理が施されています。

車軸が折れる場合、車輪を嵌め込んだ部分で折れるのが普通です。車軸の外径は車輪の内径よりわずかに太くして強固に圧入されていますが、1回転するたびに車軸の表面には引っ張ったり押し込んだりする力がかかるために、微動摩擦による腐食（フレッティング・コロージョン）が発生するのです。その対策として、車輪の内側を分厚くするとともに軸方向も車軸との嵌合部より長くし、車軸を強固に把握して微動を最小限に抑える工夫をしています。

車軸の傷は走行中に突然発生するものではないため、車両の定期検査で傷の有無を判定します。検査は超音波探傷で行います。超音波を軸端や外周から発射していましたが、最近の新幹線の車軸は軽量化（後述）のため、ちくわのように中空となっています。そこに超音波探傷の探触子を入れることで探傷しやすくなり、特に最も重要な車輪圧入部の探傷精度が大いに向上しました。

**要点BOX**

- 熱処理で折れにくい車軸を製造
- 車輪を嵌め込む部分にひと工夫
- 車軸の傷を超音波で探って発見

## 車軸の高周波焼き入れ

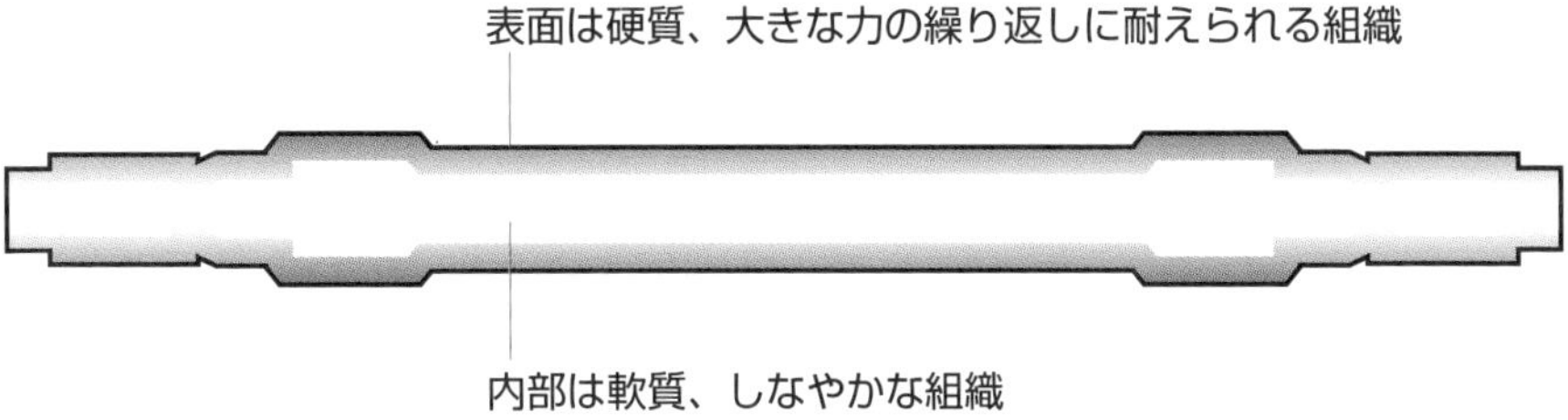


## フレッティング・コロージョン

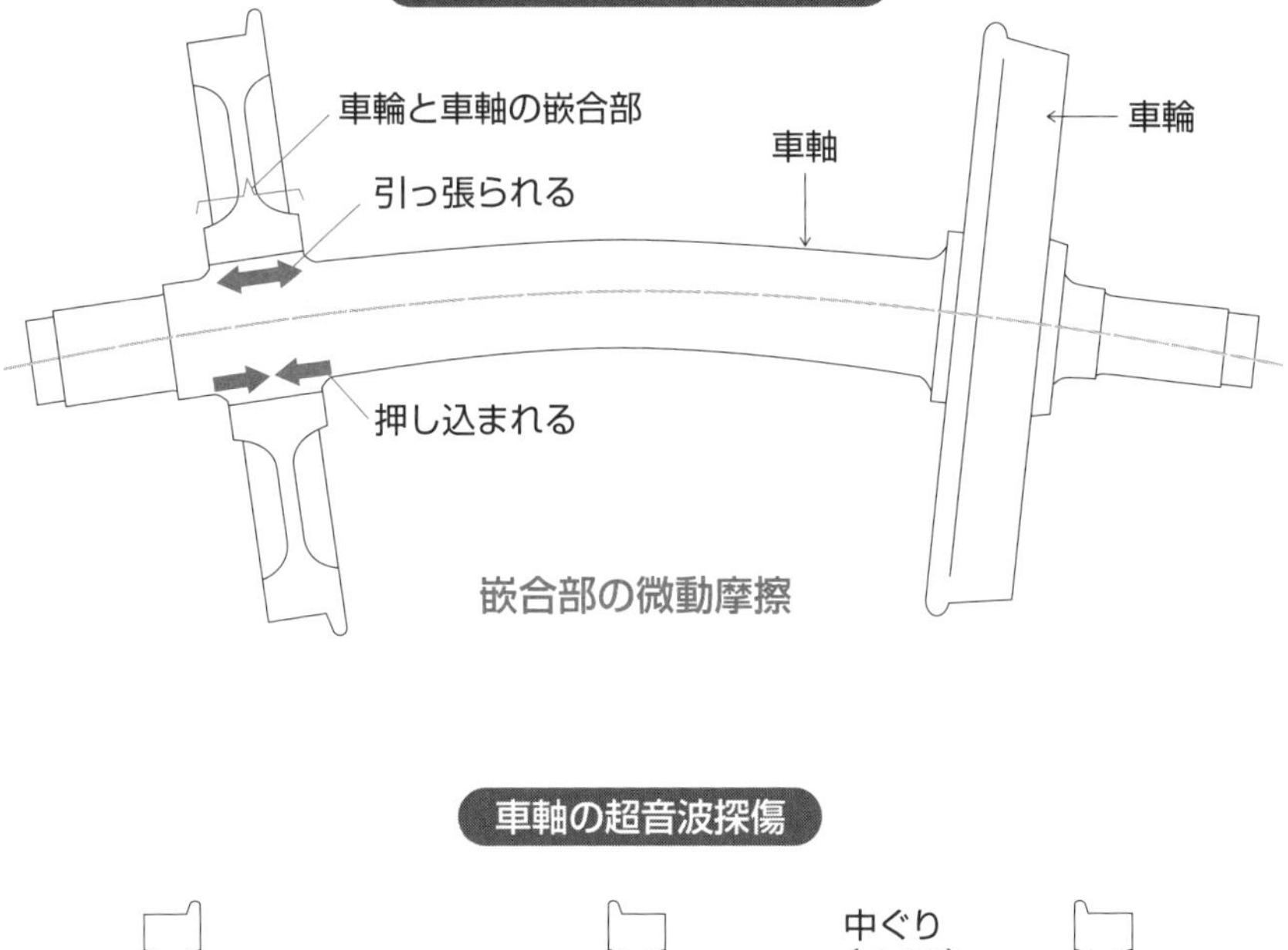


## 車軸の超音波探傷

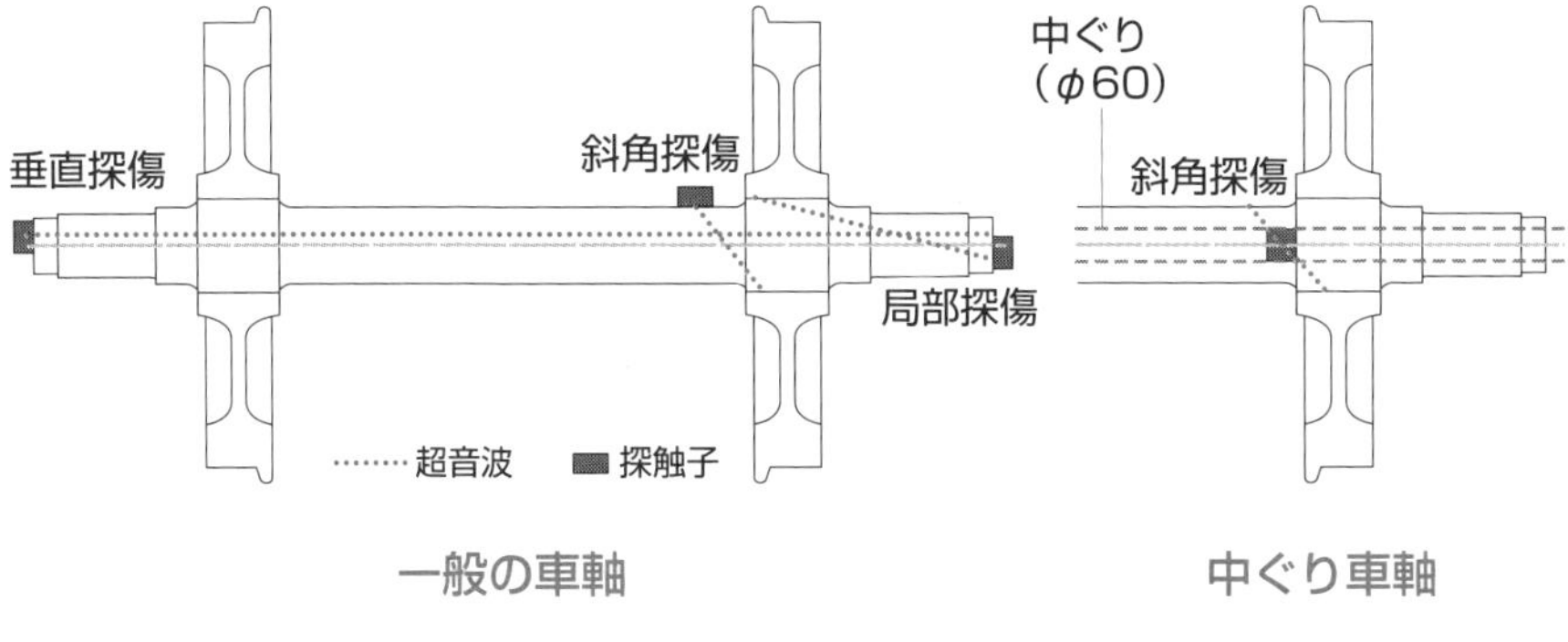

# 27 たゆまぬ軽量化

## 開業当時と比べて車両重量は約8割に

　東海道新幹線開業当時の0系は1両当たり約55トンありましたが、現在のN700系は約44トン、約8割の軽量化を達成しました。国鉄時代は、東北・上越新幹線200系で車体材料を普通鋼からアルミに変えましたが、機器の重量増加を補うための軽量化で、車両全体の軽量化を狙ったものではありませんでした。JRになってから（300系以降）車体のみならず台車や機器の軽量化が進みました。

　現在作られている新幹線の車体材料はアルミです。アルミの比重は鉄の約3分の1ですが、剛性を確保するには厚くする必要があり、車体がそれだけ軽くなるわけではありません。アルミの性質を活かして素材製造の段階から軽量化を目指したのが中空押出型材、ダブルスキンと呼ばれるアルミ製の段ボールのような材料です。300系には間に合わず柱に板を貼るような構造でしたが、700系からダブルスキン構造が採用され軽量化が大きく進みました。

　300系で軽量化に最も意を注いだのは、ばね下重量（軸ばねより下の重量）の軽減です。主電動機を小型化して車輪径を在来線と同じ860㎜まで小さくし、前項で述べたように車軸を中空にしました。そして主電動機の回転を車輪に伝える駆動装置の歯車箱をアルミ製にしましたが、高速走行で跳ねたバラストが直撃しても壊れないよう、実験を繰り返しながら実用化しました。車両重量の約3分の1を占める台車の軽量化については25項をご覧ください。

　高速走行するための電気回路を刷新することによって、機器の軽量化が大幅に進みましたが、それについては次章で詳述します。世界の高速鉄道の中で、新幹線は軽量化がいちばん進んでいますが、その背景には衝突に対する基準が緩いことがあります。海外では貨物列車などと衝突することも想定して、頑丈な車体とする基準を設ける場合が多く、数値を比較する場合は注意が必要です。

**要点BOX**

- 車体・台車・機器それぞれの軽量化
- 高速走行に不可欠なばね下重量の軽減
- 新しい技術の集大成

## アルミ中空押出型材で構成した車体

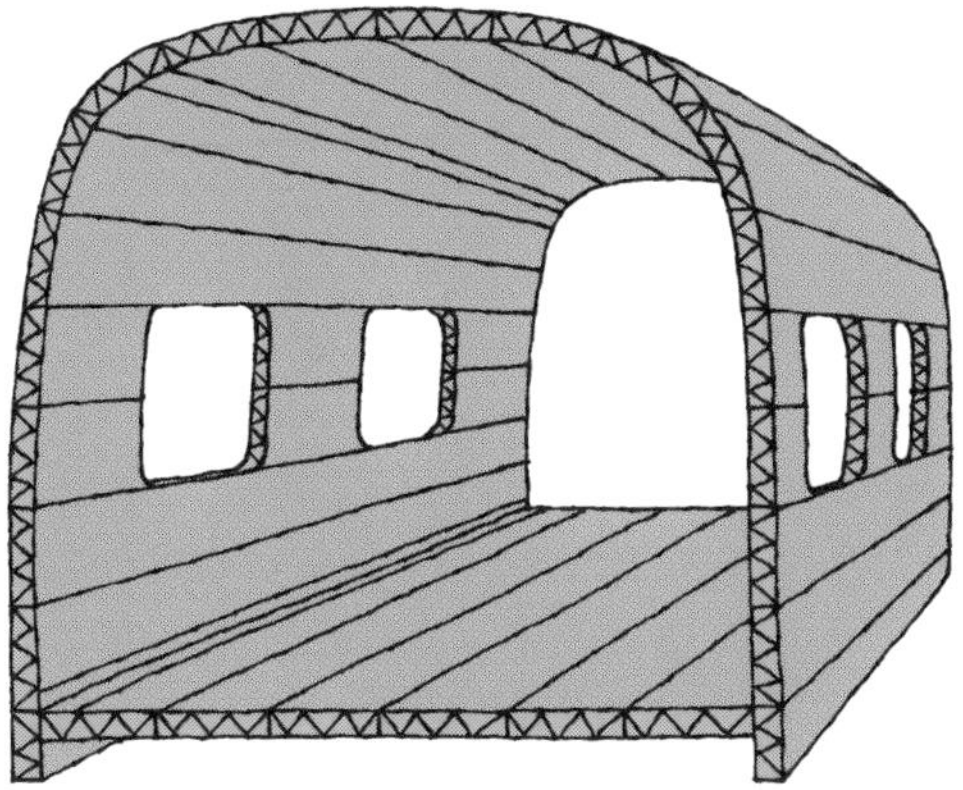

700系より採用した
ダブルスキン構造

## アルミ製歯車箱

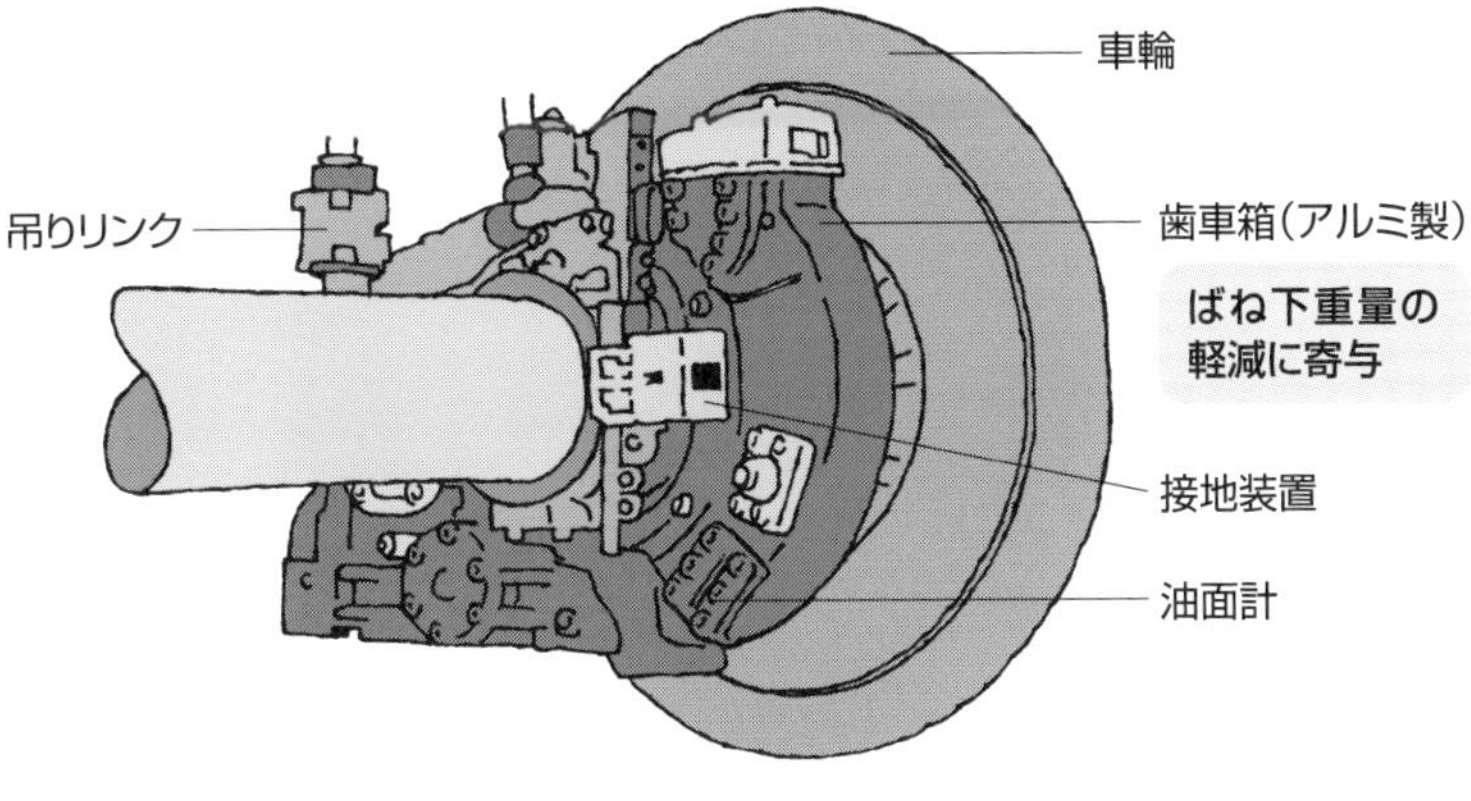


## 過渡期の車体

アルミ車体(ダブルスキン実用化前)の300系(左)と、全車両2階建てで鋼製車体のE1系

(1994年、東京)

# 28 豪雪を克服した技術

豪雪でも走り続ける新幹線

11項で東海道新幹線・関ケ原付近で発生した予期せぬ雪害とその対策について説明しました。東北・上越新幹線を建設するに当たり、関ケ原とは比較にならない豪雪地域を走行することになるため、それまでの失敗を含む経験を通じて得た知見に基づいて、車両と線路の双方に雪害対策を施しました。

まず車体は着雪防止対策として、床下機器を車体と一体にして覆うボディマウント構造としました。これにより重量が増加し、保守の作業性にも影響を与えますが、関ケ原で最も悩んだ着雪には大きな効果がありました。次に主電動機の冷却風は、車体側面から雪切り室に取り込み、遠心力で雪を分離してから送風機で主電動機内に押し込む方式としました。その他の電気機器も絶縁を強化したり雪の分離対策を施しました。また先頭にはスノウプラウを設け、排雪しながら走行できるようにし、排雪抵抗を考慮して主電動機出力を増強しました。

線路は東海道新幹線ではバラスト軌道でしたが、東北・上越新幹線では大半がスラブ軌道になり、大量に散水しても大きな問題はなくなりました。そこで豪雪地域（上越新幹線など）では線路に温水を散布する消雪設備を設けて対策しています。それ以外の地域では、線路に貯雪設備を設けて車両が排雪走行しています。北海道新幹線では、低温のため散水すると凍結してしまうため貯雪方式を基本とし、分岐器についてはエアジェットにより除雪を行っています。それぞれの地域の気温、雪質、降雪量に応じて最適な対策を選択しており、よほどの豪雪でない限り、新幹線が雪で運休することはありません。

この第4章では、電車の床下にあって乗客の目に触れることがないものを中心に説明しました。第5章からは、目に見えない電気の話が中心になりますので、難易度は少し上がるかもしれませんが、「トコトンやさしく」説明していきます。

**要点BOX**

- ●関ケ原の経験を活かした雪害対策
- ●線路に温水を散布する消雪設備
- ●気温、雪質、降雪量に応じた対策

## 貯雪設備とボディマウント構造

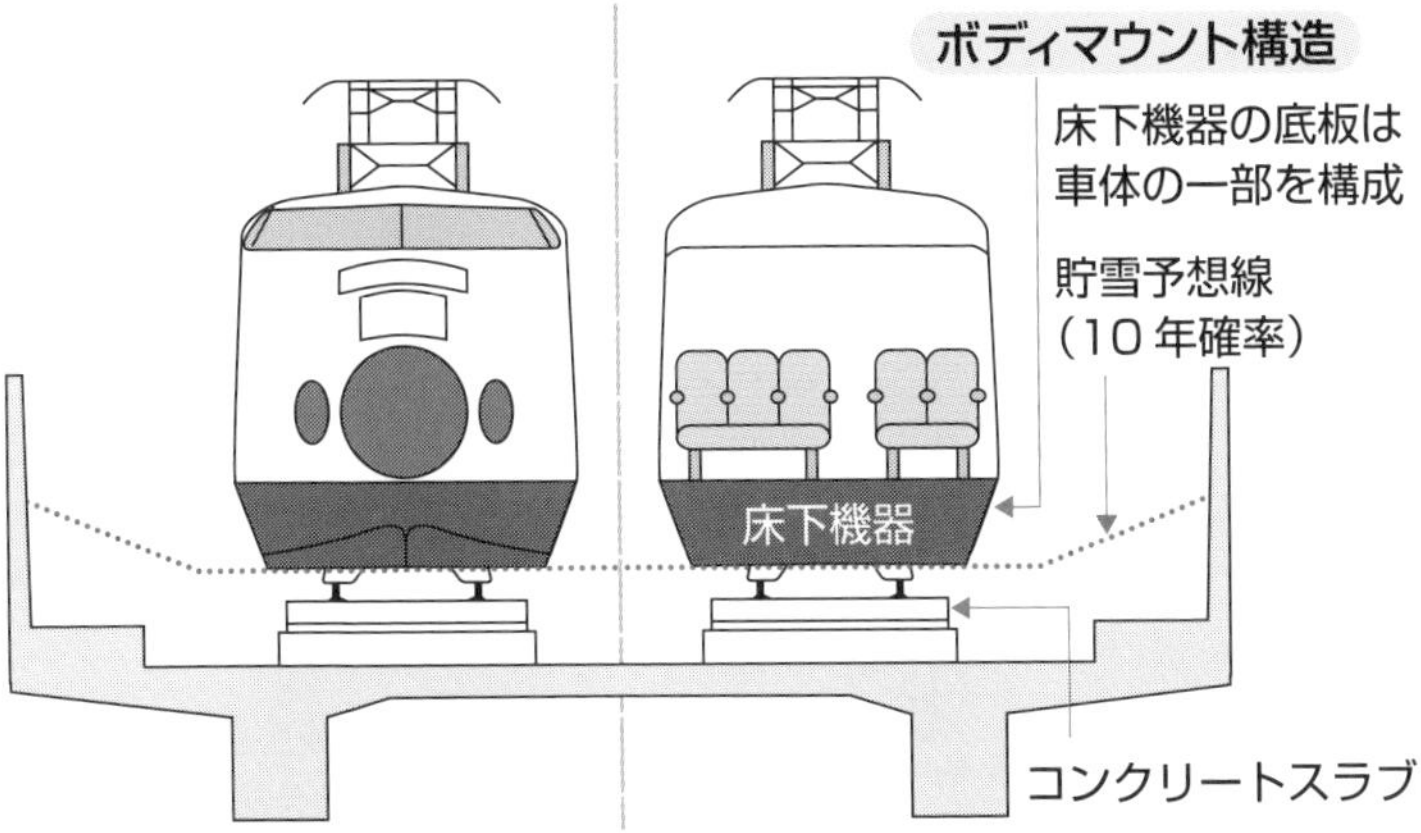


## 200系の雪切り室

車体側面から取入れた雪まじりの外気から、遠心力で雪を分離して冷却風や換気用の外気を確保

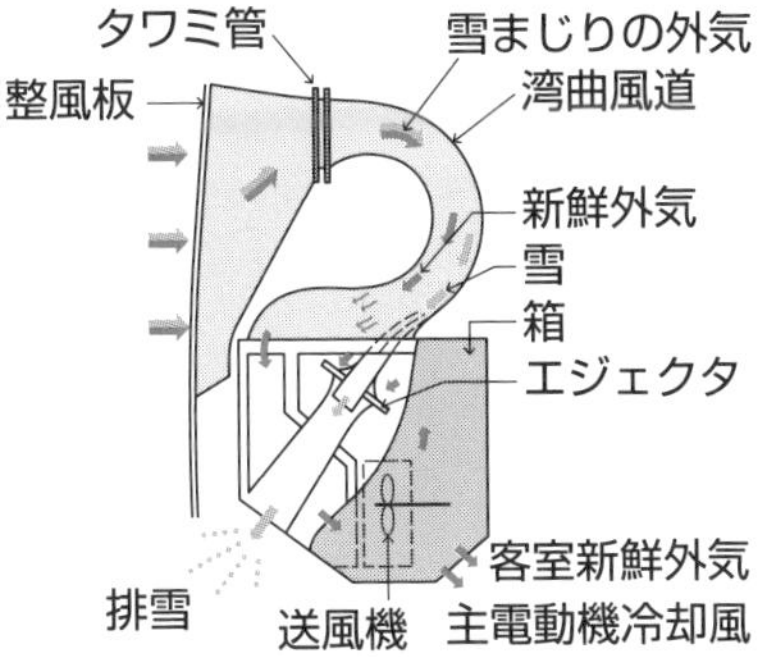


## 温水散布による消雪設備

スプリンクラーによる散水の中を走るE4系（この区間は高架上のバラスト軌道）

（2014年、新潟）

Column

# 標準軌・狭軌両用の軌間可変電車

3章末コラムで在来線を改軌したミニ新幹線を取上げましたが、改軌をせずに新幹線を在来線に直通運転できる軌間可変電車が開発されてきました。フリーゲージトレインと呼ばれていますが、これは和製英語で、英語ではGauge Changeable Trainです。

軌間可変車両は1970年頃にスペインで実用化されましたが、動力を持たない客車で、標準軌1435㎜と広軌1668㎜の変換でした。日本では1990年代に開発に着手、試験車両は第3代目になりました。軌間可変の機構は確立され、新幹線・在来線とも試運転により性能は確認されましたが、実用化には至っていません。スペインと大きく異なる条件は、動力を持つ電車であること（スペインでは2000年代に電車も実用化）、そして標準軌1435㎜と狭軌1067㎜の変換（マイナス368㎜、スペインはプラス233㎜）であることです。一般に鉄道車両の車輪は車軸に圧入されて一体になっていますが、軌間可変電車の車輪は車軸に嵌《は》まったまま軸方向に移動できるよう、わずかな隙間により滑り接触しています。耐久走行試験により、滑り接触部分の摩耗が予想以上に早く進展することが判明、車軸などの部品を頻繁に交換する必要性が出てきました。製造コストが約2倍かかることはわかっていましたが、メンテナンスコストが2～3倍となる試算もあり、実用化の大きな障害となっています。

直近では九州新幹線の西九州ルートで採用計画がありました。武《たけ》雄《お》温泉～長崎間に標準軌の新幹線を建設、新《しん》鳥栖《とす》と武雄温泉に軌間変換装置を設け、博多方面からの新幹線列車は新鳥栖～武雄温泉間では狭軌の長崎本線を走行し、再び標準軌の新幹線で長崎に至る計画でした。しかし軌間可変電車の採用を断念、九州新幹線の鹿児島ルート開業時に新八代《しんやつしろ》で行っていた対面乗換えを、武雄温泉で行うよう計画を変更しました。

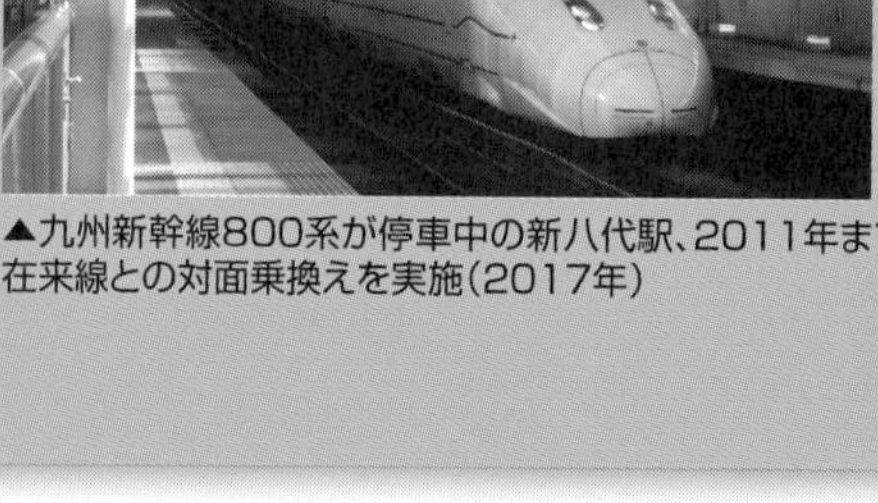

▲九州新幹線800系が停車中の新八代駅、2011年まで在来線との対面乗換えを実施（2017年）

# 第5章

# 時速300km以上まで加速させる技術

# 29 走行抵抗との戦い

## 高速走行で急激に増加する空気抵抗

列車を走らせると、それを妨げる力がはたらきます。加速するためや勾配・曲線による抵抗を除いて、走りそのものを妨げる力を走行抵抗と呼びます。機械抵抗と空気抵抗に大別でき、前者は車輪とレールの転がり摩擦や軸受の摩擦、後者は列車の先頭や後方の空気の流れによる抵抗です。走行抵抗は速度とともに増加するので、新幹線では走行抵抗にいかに打ち勝つかが課題になります。

特に空気抵抗は、時速100km未満ではほとんど問題になりませんが、高速になるにつれて急激に増加します。先頭形状、車体断面積、車体側面形状、床下機器形状など、いろいろな要素が空気抵抗に影響を与えます。そしてトンネル内はさらに空気抵抗が増加するので、新幹線の走行抵抗の計算式は「明かり区間」と「トンネル区間」で使い分けています。

先頭形状は最初の0系から流線形で、東北・上越新幹線の200系もそれをほぼ踏襲しましたが、着雪防止対策として採用したボディマウント構造（床下機器と車体を一体にして覆う方式）が空気抵抗の軽減にも大きく寄与しました。東海道新幹線の100系では先頭形状を改良しましたが、2階建て車両の導入で車体断面積が増加し、効果はほぼ相殺されました。ボディマウント構造は重くなるので、100系以降の車両は床下機器の幅と高さを揃えて隙間を塞ぎ、同様の効果を得ています。

JRになってからの先頭形状にはグロテスクと感じるものもあります。それはトンネル微気圧波、いわゆる「トンネルドン」と呼ばれる現象への対策です。高速列車がトンネルに突入すると圧縮波が生じて音速で伝搬、トンネル出口で「ドン」という破裂音が発生することがあります。その圧縮波が生じないよう工夫した結果があの形状なのです。0系の先頭形状は飛行機に似ていましたが、地上やトンネルを走る新幹線はさらなる工夫が必要なのです。

**要点BOX**

- ●新幹線といえば流線形の先頭形状
- ●床下機器の形状も空気抵抗に影響
- ●先頭形状は「トンネルドン」にも配慮

## 走行抵抗

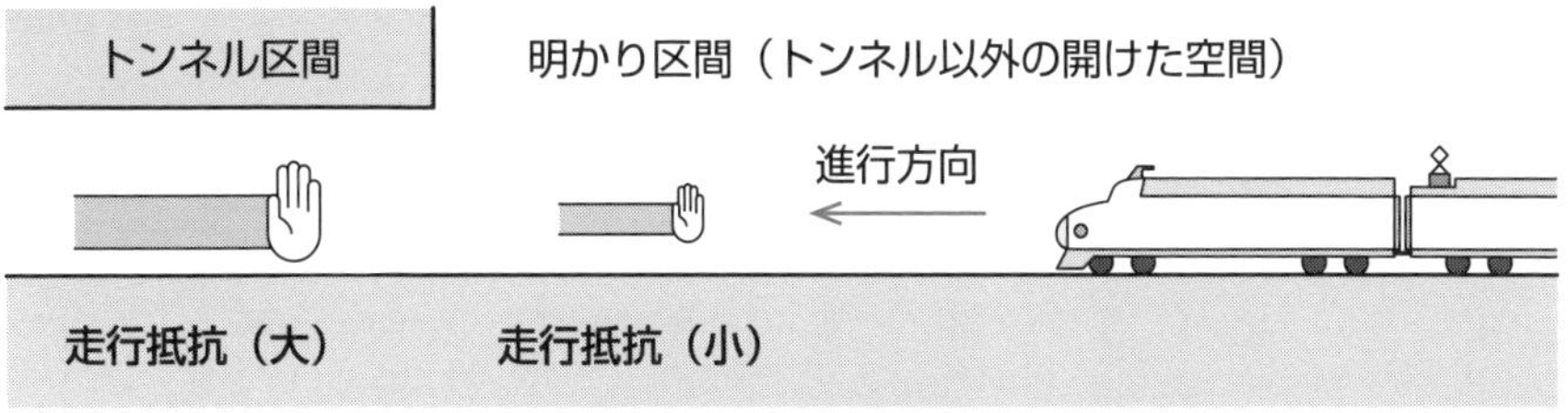


## 空気抵抗の低減

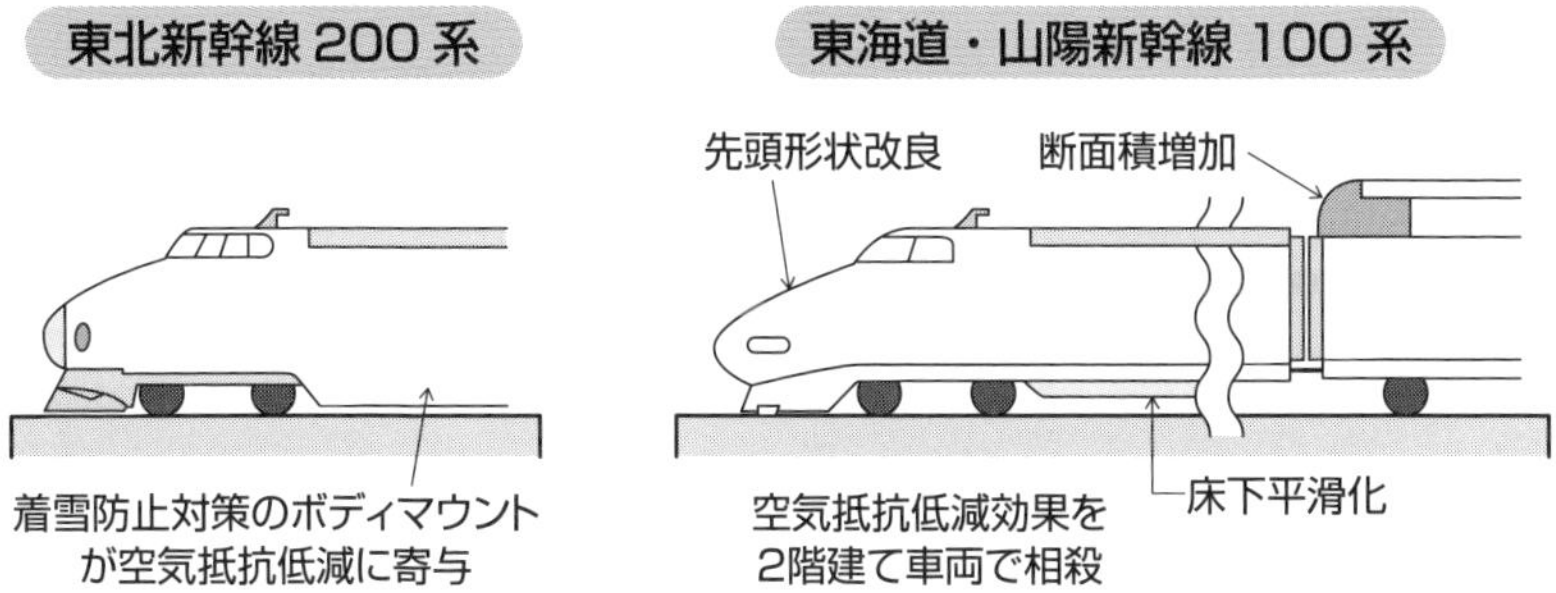


## トンネル微気圧波

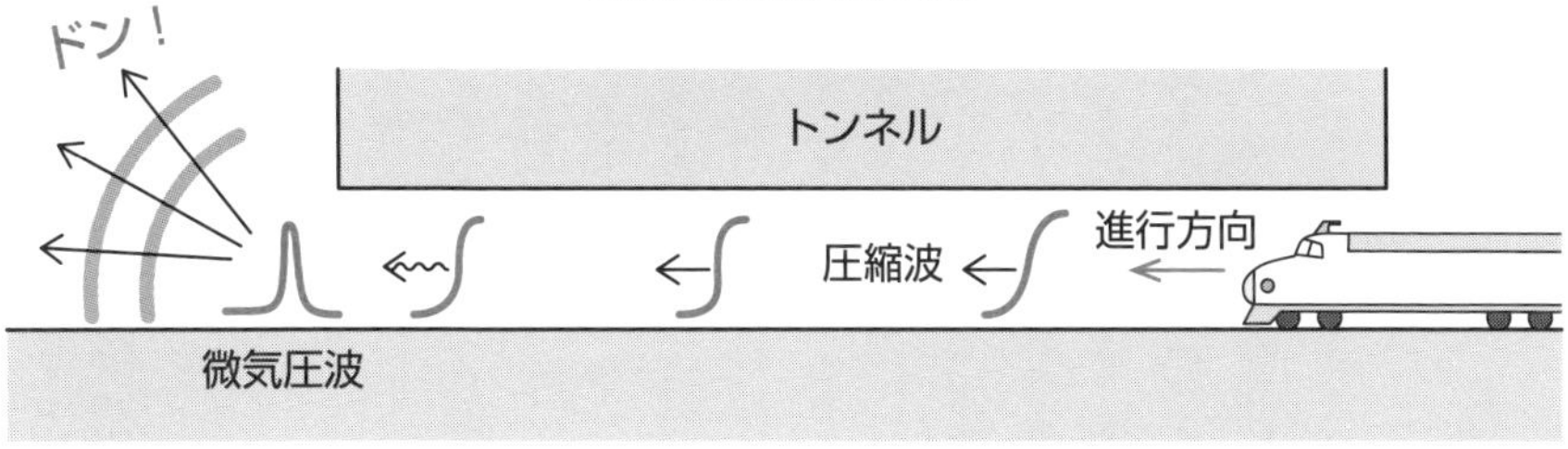

# 30 モーターの回転は速くない

**モーターの回転速度は通勤電車と大差なし**

現在、新幹線の車輪直径は在来線と同じ860㎜（削正しながら使うので最小780㎜まで許容）、中間を取って直径820㎜で計算すると、時速100㎞では毎分647回転、時速300㎞ではその3倍の毎分1942回転となります。それでは車輪を回転させる主電動機（モーター）も、高速走行する新幹線は通勤電車の3倍の速さで回転しているかというと、そうではありません。

主電動機の回転は継手と歯車を介して車輪に伝わります。主電動機側には小さな歯車、車輪側には大きな歯車があって回転は減速されます。大歯車の歯数を小歯車の歯数で割り算した値を歯車比といって、東北新幹線のE5系は2・645、山手線などのE235系は7・07です。これをもとに主電動機の回転速度を計算すると、E235系が時速100㎞の時は毎分4576回転、E5系が時速300㎞の時は毎分5136回転で、若干高いにすぎません。

電車はその歯車比の数値を見るだけでどんな走り方をする電車なのか、その設計思想が垣間見えてきます。新幹線は2〜3、通勤電車は5〜7くらいです。主電動機は現在では交流モーターになりましたが、以前は直流モーターで構造上高速回転には限界があり、最初に登場した0系や東北・上越新幹線200系の歯車比は2・17、また主電動機を小型化できず車輪直径は現在より若干大きい910㎜でした。

また歯車比を小さくすると、車輪の回転力は小さくなるので加速は低くなります。これは通勤電車では決定的に不利になりますが、新幹線の場合は高速性能を重視しますから加速の低さは当然とみなされてきました。しかし、現在の東海道新幹線のように頻繁に運転を行うようになると、各駅停車の「こだま」が最速の「のぞみ」に追い付かれないよう次の待避駅まで逃げ切る必要があり、加速性能にも配慮されるようになりました。

**要点BOX**

- ●モーターの回転は歯車で減速
- ●高速走行にふさわしい歯車比
- ●頻繁運転では加速性能にも配慮

## 歯車による減速

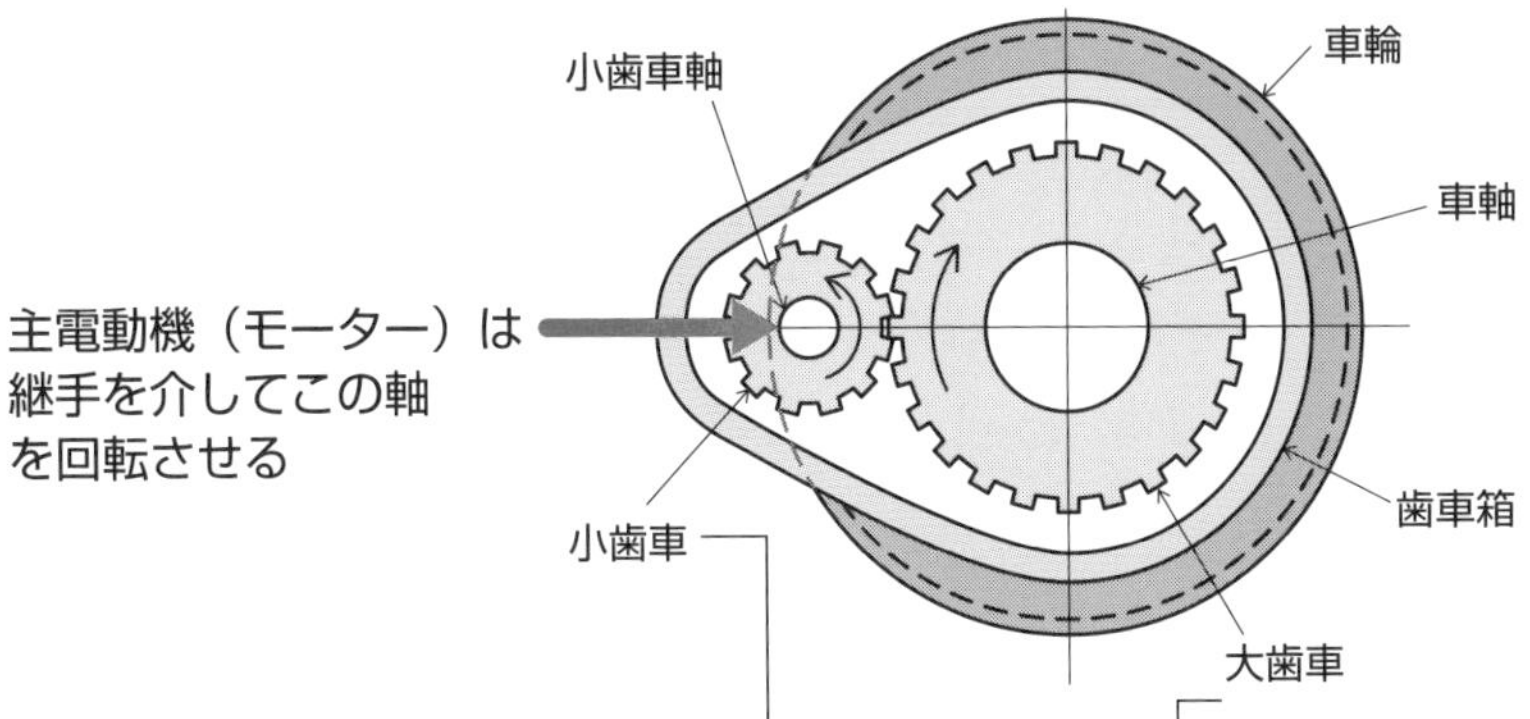


| 車種 | 速度 | 主電動機<br>回転速度 | 小歯車<br>歯数 | 歯車比 | 大歯車<br>歯数 | 車輪<br>回転速度 |
|---|---|---|---|---|---|---|
| 新幹線<br>E5系 | 300km/h | 5136rpm | 31 | 2.645<br>(82/31) | 82 | 1942rpm |
| | 100km/h | 1712rpm | | | | 647rpm |
| 在来線<br>E235系 | 100km/h | 4576rpm | 14 | 7.07<br>(99/14) | 99 | 647rpm |

※車輪径820mmとして計算

最高速度320km/hの東北新幹線E5系(量産先行車)　(2009年、古川)

# 31 直流モーターとその制御

## 直流モーターの特性は鉄道車両に最適

世界で初めて鉄道車両が電気で動いたのは1879年、それ以来100年間は特殊用途を除いて全て直流モーターを使っていました。その中でも代表的なのが直流直巻《ちょくまき》モーター、電機子と呼ばれる回る部分と、界磁と呼ばれる周囲の部分のコイルが直列に接続されているモーターです。回り始める時に強い力を出し、高速まで広い速度域で制御できる特性が鉄道車両に最適だったのです。

速度に応じた制御はモーターにかかる電圧を変えることが基本です。その制御には抵抗器を回路に挿入したり、複数のモーターのつなぎ方（直並列）を変えたり、架線が交流の車両では変圧器のタップを切り替えたり、比較的簡単な方法で実現できました。車両の性能を決める主役はモーターで、制御装置はそれを補助する脇役でした。

1964年に登場した東海道新幹線0系の主電動機は、当然のことながら直流モーターでした。架線から取り入れる交流25kVの電圧を変圧器で下げ、それを整流器で直流に変換して主電動機に供給しました。主電動機にかかる電圧は、変圧器の低圧側に設けたタップ切替器により、多段階に切り替えて制御しました。0系は加速が低かったこともありますが、出発する時はいつ動き出したかわからないくらい滑らかにスタートしたものです。

東北・上越新幹線の200系からは、タップ制御から整流器に用いる半導体サイリスタの位相制御（交流の波の幅を変えて電圧を制御）に進化しました。この方式は東海道・山陽新幹線の100系、山形新幹線の400系まで続きました。直流モーターは優れた特性を有しているものの、電機子と界磁の間で電気をやり取りする整流子・ブラシの保守に手間がかかり、整流子が火だるまになるフラッシュオーバーが発生する可能性もあり、構造が単純な交流モーターにすることが長年の課題でした。

**要点BOX**

- 実績のある直流直巻モーター
- タップ制御から位相制御へ
- 直流モーターは保守に手間がかかるのが課題

## 直流モーターの原理

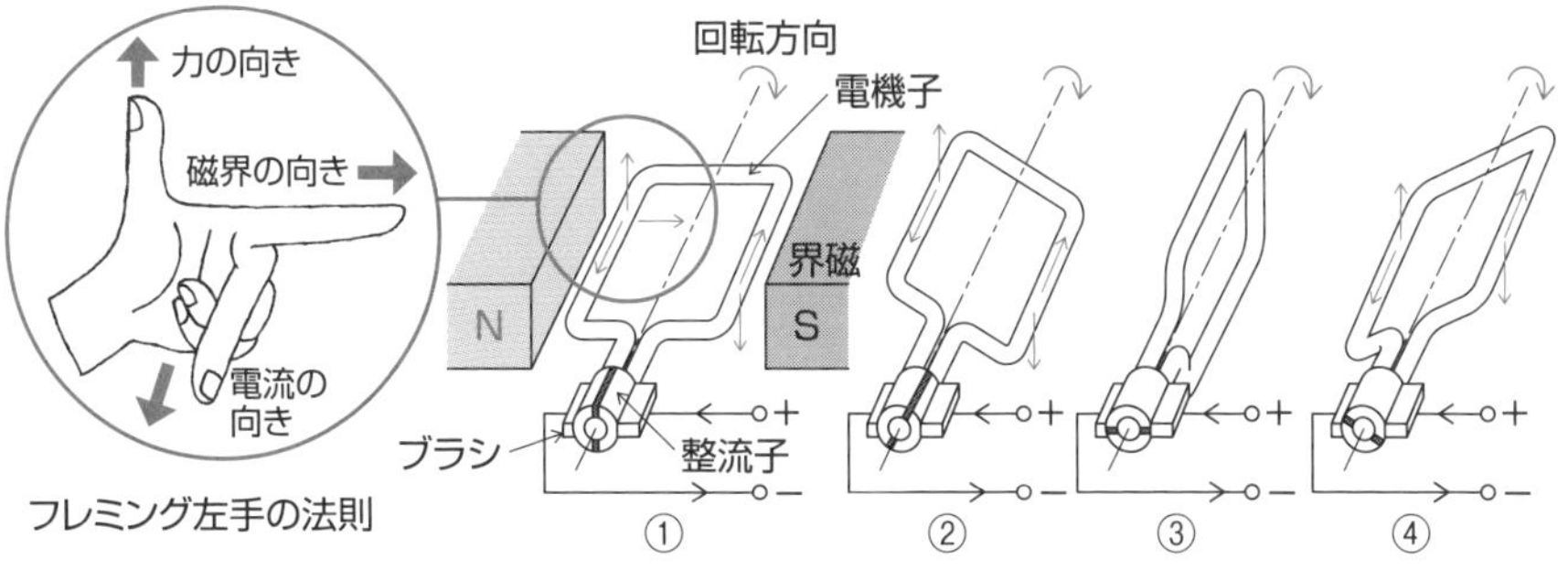


## 直流モーターの制御

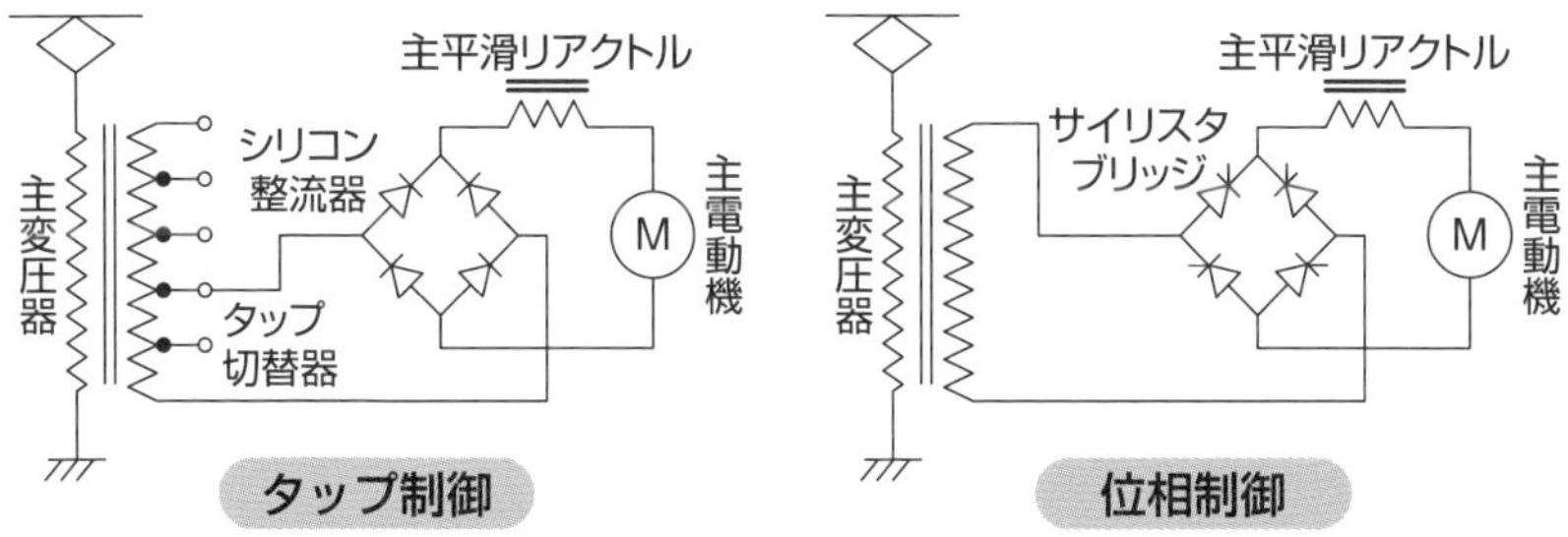

直流モーターを使った最終形式。山形新幹線400系 （2009年、郡山）

# 32 動力分散方式と発電ブレーキ

各車両が動力を持つ電車方式

貨物列車のように、動力を持った機関車がたくさんの車両を引っ張る方式を動力集中方式といいます。一方、日本の旅客列車の主流である電車のように、各車両が動力を持つ方式を動力分散方式といいます。新幹線は最初から動力分散方式を採用しましたが、日本に続いて高速列車を走らせたフランスやドイツなどの欧州では、編成の前後を動力車にする動力集中方式を採用しました。

日本の旅客列車も1950年代までは機関車が客車を引っ張る動力集中方式が主流でした。第1章で説明した戦前の弾丸列車計画も蒸気機関車や電気機関車による動力集中方式でした。当時の電車は主電動機に車軸を抱かせ、重量の半分だけ台車で支える吊り掛け式で振動・騒音が大きく、用途は短距離の列車に限られていました。しかし大きな軸重を許容できない日本の線路には電車が向いていました。

戦後になって、電車を長距離列車に使う試みとして国鉄が湘南電車を走らせ、次いで各私鉄が主電動機を完全に台車で支え、継手を介して車輪に回転させるカルダン駆動方式を実用化しました。振動・騒音は激減して乗心地は格段に向上、国鉄がその成果を取り入れて東京～大阪間に電車特急「こだま」を走らせ、長距離高速列車は動力集中方式という常識を打ち破りました。そして東海道新幹線は動力分散方式の電車を採用するに至ったのです。

最初の0系は全ての車両にモーターが付いていました。高速域での大きな走行抵抗に打ち勝つためですが、これはブレーキをかけるにも好都合でした。鉄道車両のブレーキは車輪やディスクを押える摩擦ブレーキが基本ですが、モーターを発電機として作用させ、発生した電力を抵抗器に消費させる発電ブレーキが可能になるからです。常用ブレーキは発電ブレーキが負担、摩擦ブレーキの出番は停止直前と非常ブレーキだけにすることができました。

**要点BOX**

- 在来線における電車特急の成功
- 全車両にモーターがある新幹線0系
- 摩擦に頼らない発電ブレーキが可能に

## 動力分散方式と集中方式

### 新幹線０系……動力分散方式

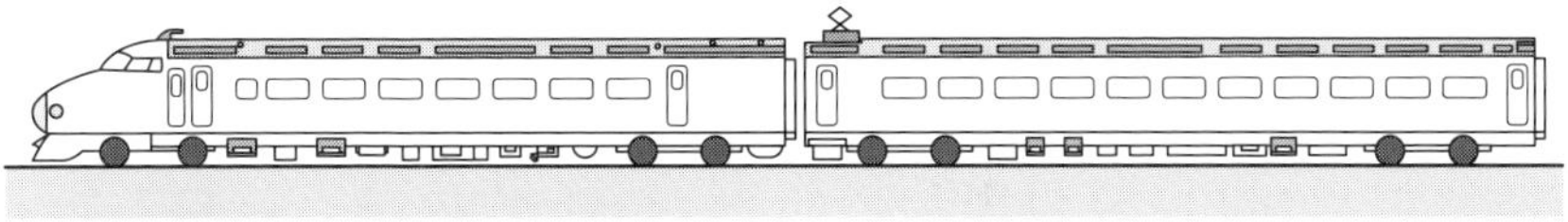

●全ての輪軸にモーターがついている
●全ての輪軸で発電ブレーキが可能

### ドイツ ICE１……動力集中方式

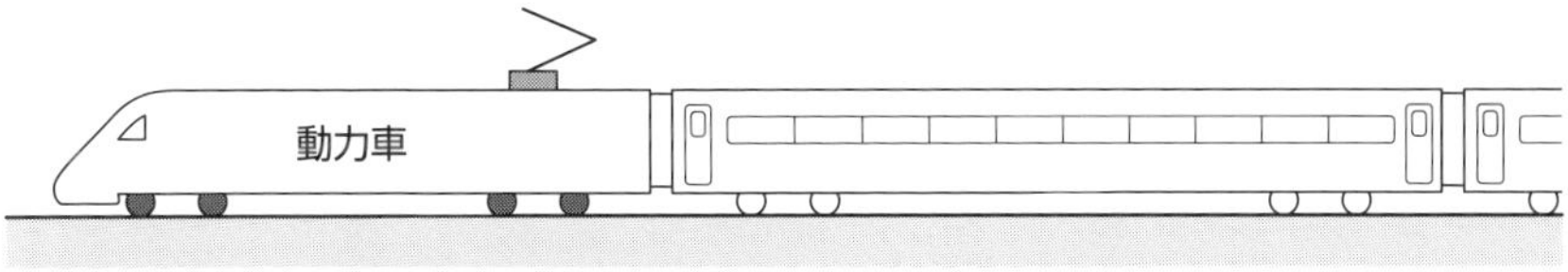


●動力車（両先頭）だけにモーターがついている
●動力車（　〃　）だけで発電ブレーキが可能
●付随車（中間車）は摩擦ブレーキ（ディスクブレーキ）のみ

両先頭だけが動力車のドイツICE1　（1997年、ニュルンベルク）

# 33 交流モーターの登場

## VVVFインバータが開発され交流モーターが登場



31項で直流モーターを構造が単純な交流モーターに置き換えることが長年の課題と述べました。しかし、交流モーターは扇風機のように一定の速さで回転する性質があり、鉄道車両を動かすためには、電圧・周波数を自在に制御して、直流モーターと同じような特性を発揮させる必要があります。その理屈は昔からわかっていたのですが、そのように制御する道具立てがなく実現できませんでした。

1980年代になると、大きな電流を高速でオン・オフできる半導体GTOサイリスタが実用化され、直流を任意の電圧・周波数の三相交流に変換するVVVFインバータが開発されました。これによって交流モーターのうち最も単純な三相誘導モーターで電車を動かすことが可能になりましたが、モーターはあくまで脇役であって、車両の性能を決める主役は制御装置であるVVVFインバータになりました。

新幹線で最初に交流モーターを採用したのは東海道新幹線の300系です。東京〜新大阪間を2時間半で走り、当時抱えていた環境問題（騒音・振動）の解決など、課題を達成するためにあらゆる新機軸を盛り込み、そのうちのひとつが交流モーターの採用でした。チャレンジした項目が多岐に渡ったため、営業開始後のトラブルがいろいろ報道されましたが、その後の全ての新幹線のルーツは300系といっても過言ではないくらい画期的な車両でした。

交流モーターといっても、単に直流直巻モーターを三相誘導モーターに置き換えただけではありません。軽量化のため外枠の一部をアルミ製にし、同時にモーターの回転を車輪に伝える歯車箱もアルミ製にしました。11項で雪の落下によってバラストが跳ね上がる現象を説明しましたが、それがアルミ部分に当たっても壊れないか、空気銃を使って時速300km相当でバラストをぶつける試験まで行い、軽くて高出力の交流モーターを実現しました。

**要点BOX**

- 最も単純な三相誘導モーターが利用可能に
- モーターは脇役になり制御装置が主役の座へ
- 軽量化に配慮した究極の設計

## 三相誘導モーターの原理

### 回る原理を示すアラゴの円板

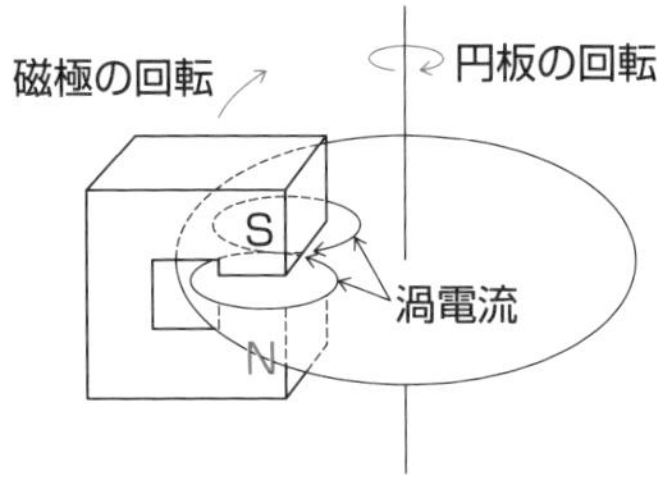


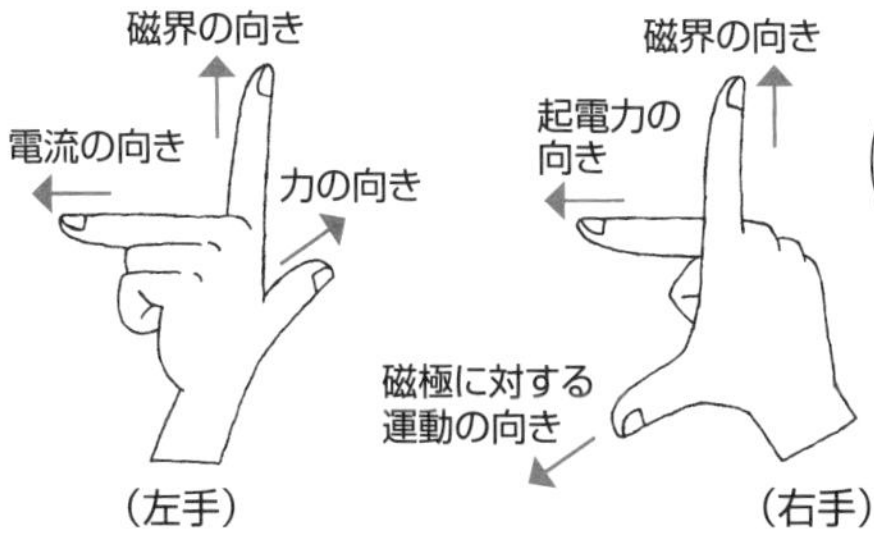


### 回転子に生じる電流と磁界の向き

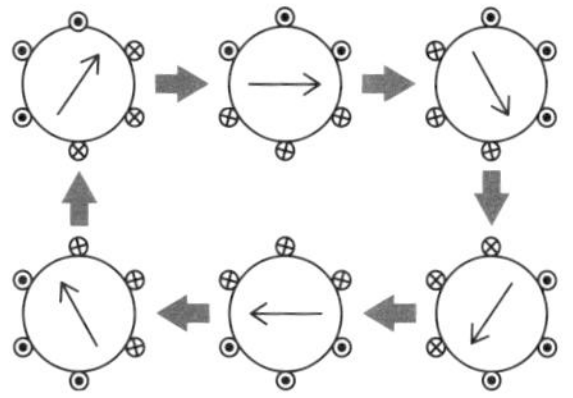
※2極で時計回りの場合を示す


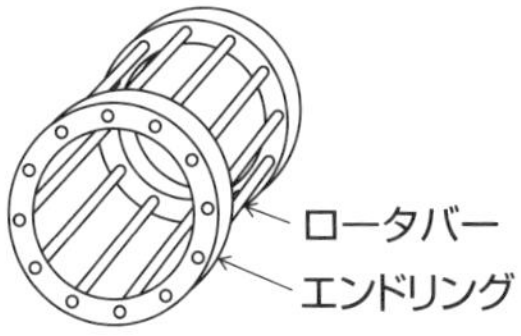

※電流の向き




## 三相誘導モーターを回す制御のしくみ

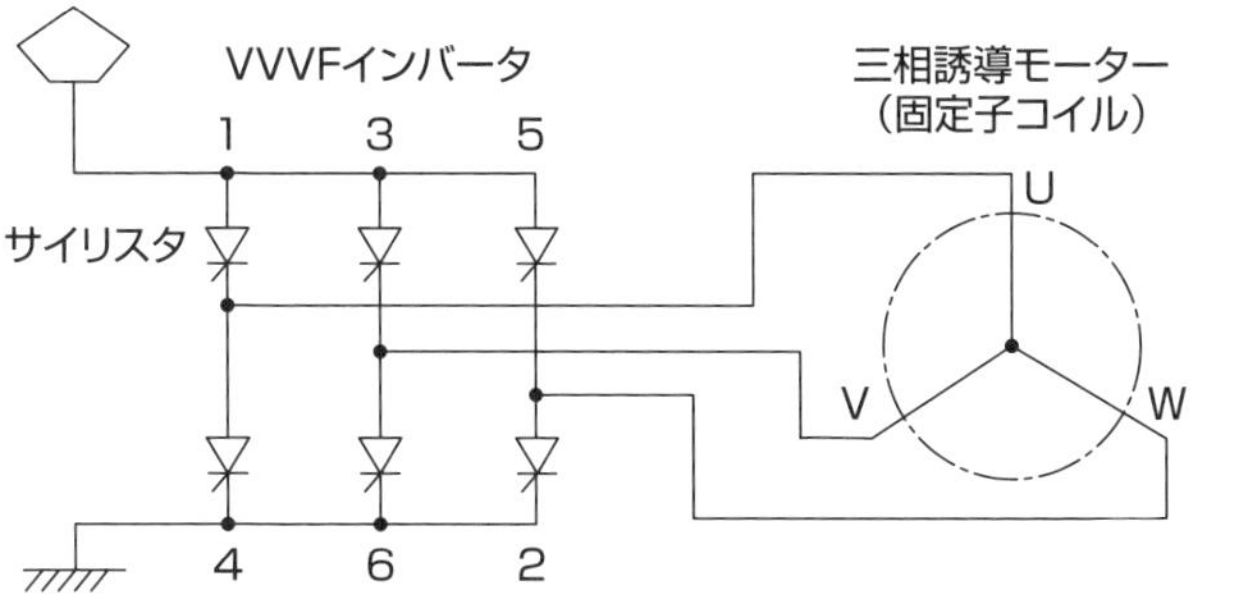


| 反時計方向回転 | | 時計方向回転 | |
|---|---|---|---|
| ON状態のサイリスタ | 回転磁界 | ON状態のサイリスタ | 回転磁界 |
| 1, 2, 3 | ↘ | 3, 2, 1 | ↘ |
| 2, 3, 4 | ↗ | 2, 1, 6 | ↓ |
| 3, 4, 5 | ↑ | 1, 6, 5 | ↙ |
| 4, 5, 6 | ↖ | 6, 5, 4 | ↖ |
| 5, 6, 1 | ↙ | 5, 4, 3 | ↑ |
| 6, 1, 2 | ↓ | 4, 3, 2 | ↗ |

# 34 交流→直流→交流の変換

交流電化と交流モーターは関係なし

前項で交流モーターの登場について説明しましたが、新幹線の電化方式が交流であることとは関係ありません。架線に流れる交流は電圧・周波数が一定の単相交流、モーターを回す交流は電圧・周波数が時々刻々変わる三相交流です。したがってパンタグラフで集電した交流は一旦直流に変換し、それをさらにVVVFインバータで制御して速度に合わせた三相交流に変換しています。

ここで直流と交流についておさらいしましょう。直流は流れる向きが一定の電気、乾電池がその代表例です。交流は流れる向きがめまぐるしく変わる電気、日本の家庭に届いている交流は1秒間に50回または60回向きが変わっています。電気が一定時間に行う仕事が電力、電力は電圧と電流の掛け算で表すことができます。直流の場合はそれで話はおしまいですが、交流の場合は電圧の波と電流の波が使い方によってずれてくるので単純な掛け算にはならず、実際に仕事をする電力は若干小さくなります。

交流として送り込まれる電力が皮相電力、実際に仕事をする電力が有効電力、その割合を力率といって0〜1の数値で表します。仕事をしない電力が無効電力で、電源（発電所）と負荷（この場合は電車）の間を往復するだけで、無駄に捨てられることはありませんが役に立ちません。できれば力率を改善して1に近付けることが夢でした。

それを可能にしたのが300系の整流器として採用されたPWMコンバータでした。交流を直流に変換する際に、交流の波を細かく切り刻んで電圧と電流の波にずれが生じないように調整し、力率をほぼ1に保つことが可能になりました。PWMコンバータは次項で説明する回生ブレーキの活用時に、直流を交流に逆変換する役割を担っています。力率改善は交流回生ブレーキを実現するための課題でしたが、結果的にシステム全体の改善につながりました。

**要点BOX**

- ●モーターを回す交流は直流から作り出す
- ●整流器として採用されたPWMコンバータ
- ●交流が抱える力率の問題を一挙に解決

## コンバータ・インバータの回路図

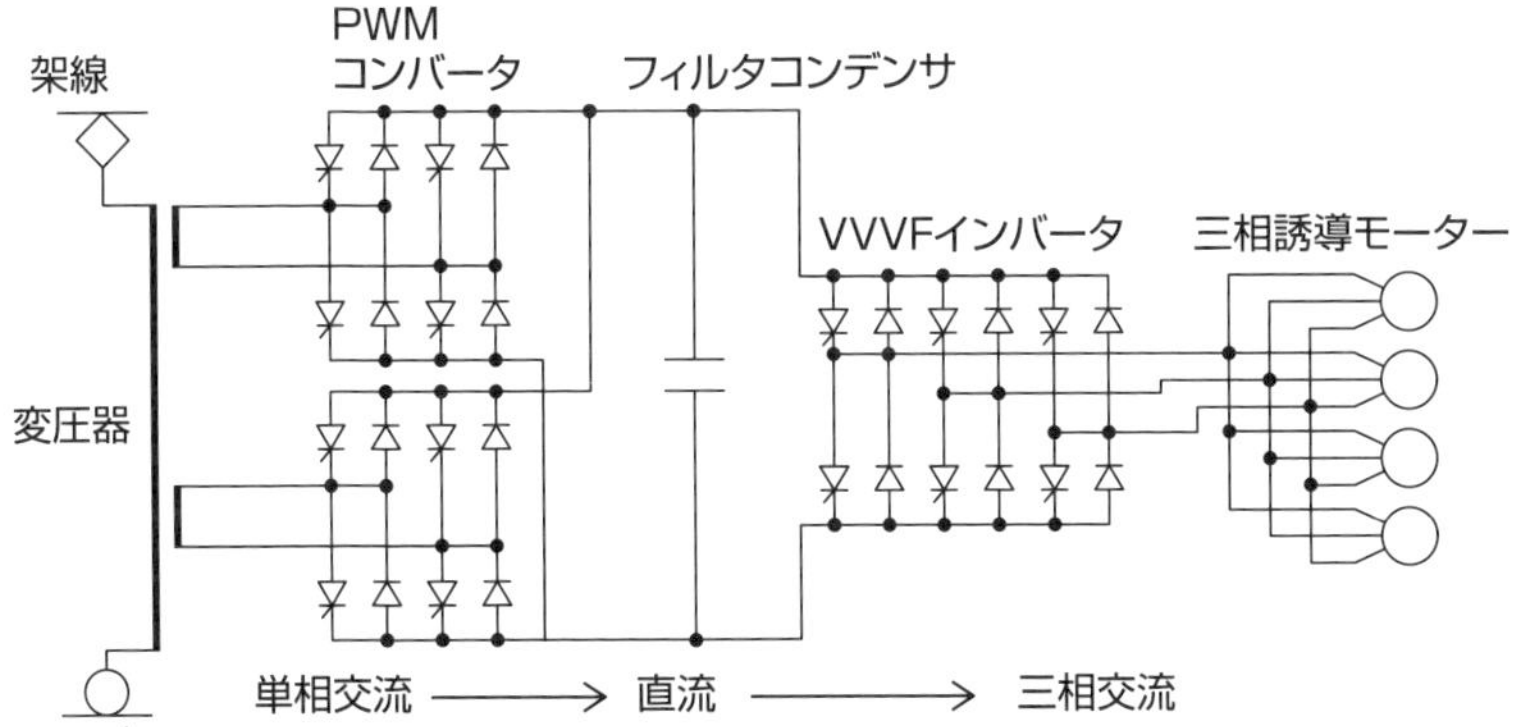


## 力率とは

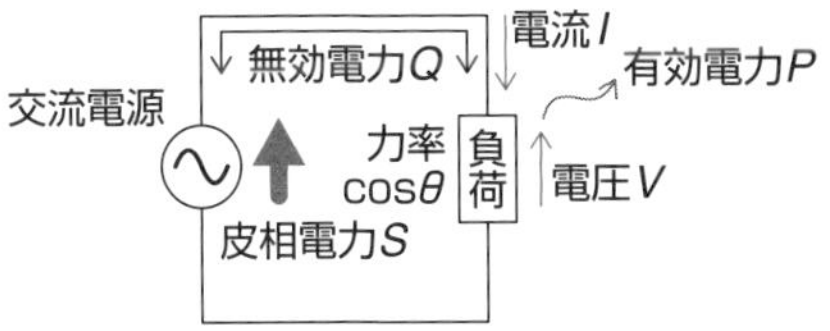


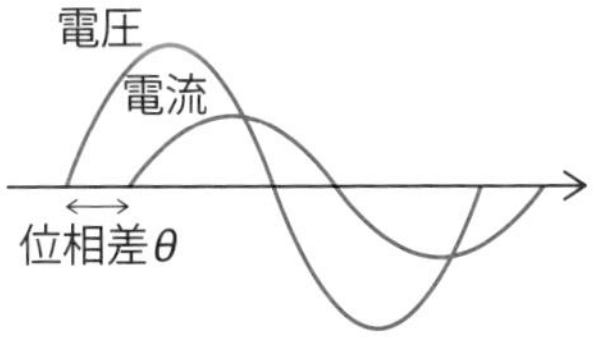


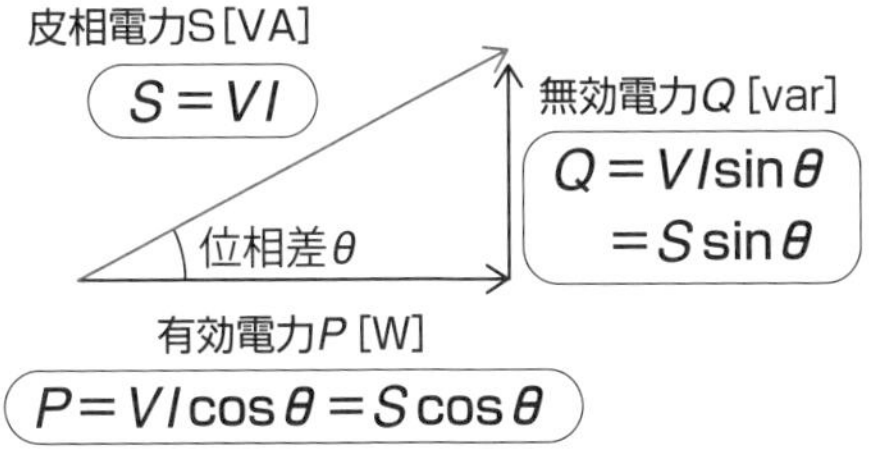


$$\text{力率 } \cos\theta = \frac{P}{S} = \frac{P}{\sqrt{P^2+Q^2}}$$

電力を有効に活用するために
力率は1に近付けたい

試運転中の東海道新幹線
300系先行試作車
最初に交流モーターを採用

(1990年、新横浜)

# 35 回生ブレーキの実現

## 省エネ・軽量化に効果のある回生ブレーキ

32項でモーターを発電機として作用させる発電ブレーキについて説明しました。摩擦ブレーキの出番を減らすことで高速走行には大きな効果がありますが、発生した電力は抵抗器で熱に変えて捨ててしまうので省エネルギーにはならないし、重い抵抗器を背負って走らなければなりません。これをさらに進化させて発生した電力を架線に送り返し、他の走行中の列車に消費させたり電源側に吸収させてブレーキ力を得る回生ブレーキがあります。

直流電化の通勤電車では私鉄や地下鉄を中心に回生ブレーキが普及、１９８０年代後半には交流モーターを使ったＶＶＶＦインバータ制御車が登場し、回生ブレーキは標準装備となりました。一方、交流電化では前項で説明した力率の問題などがあって実用は一部に限られ、新幹線では採用に至りませんでした。新幹線３００系で交流モーターを採用するに当たり、省エネや重量軽減などいいことずくめの回生ブレーキを採用しない手はありませんでした。

前項で説明したＰＷＭコンバータの逆変換により、交流電化でも問題なく回生ブレーキを使うことができるようになりました。ＰＷＭコンバータとＶＶＶＦインバータを組み合わせた装置は主変換装置と呼ばれ、半導体スイッチング素子も当初のＧＴＯサイリスタからＩＧＢＴ（絶縁ゲート形バイポーラトランジスタ）に変わり、最近ではSiC素子により小型軽量化が進行中です。なお、直流電化では回生電力を他の列車が消費しないと回生失効になりますが、交流電化では電源側に吸収させることができるので、回生ブレーキは安定して作用します。

この第5章では、目に見えない電気の話が中心だったので、左側のページでなるべくわかりやすいように解説したつもりですが、難しかったかもしれません。第6章では高速列車の安全を左右するブレーキの深い話に入っていきます。

**要点BOX**

- ●交流モーターが発電機として作用
- ●VVVFインバータで三相交流を直流に
- ●PWMコンバータの逆変換により交流回生

## 交流回生ブレーキ

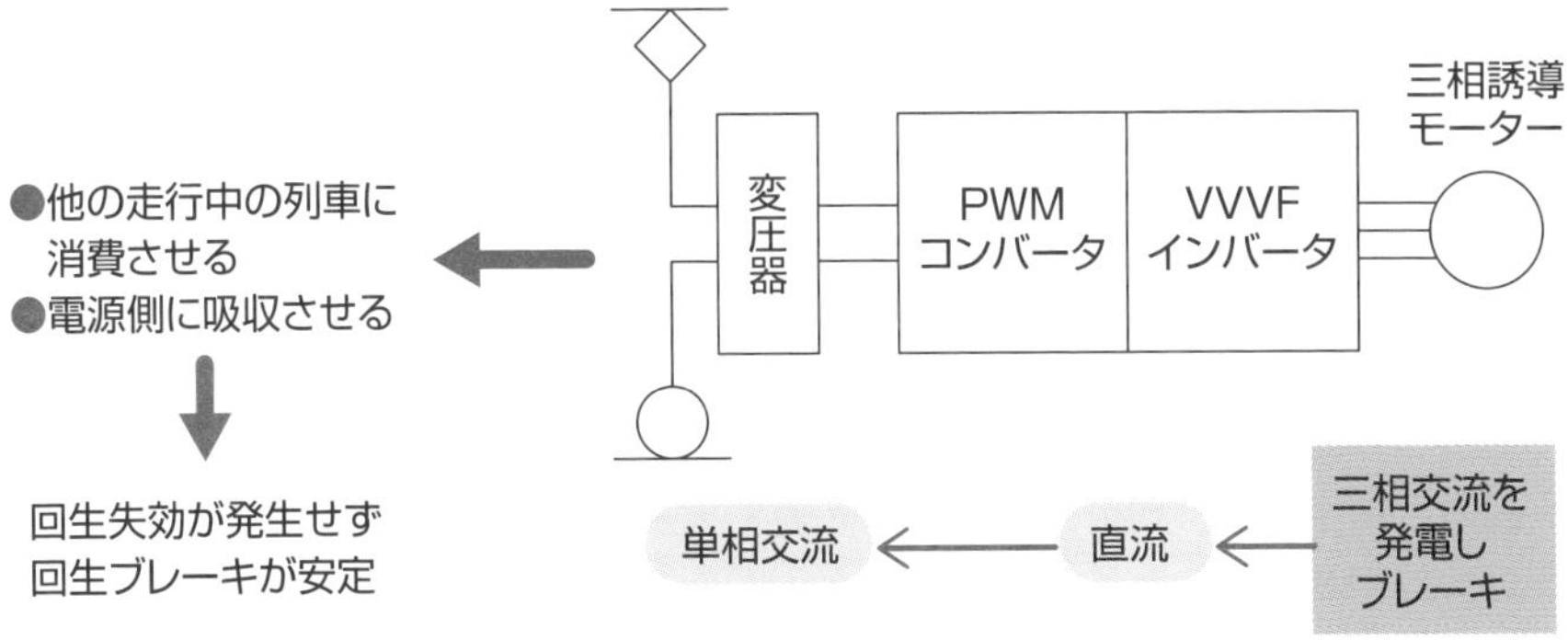

東海道·山陽新幹線の700系。
開発要素が多かった300系の後継車。
この700系をベースに台湾高鐵700Tが誕生

（2008年、岡山〜相生）
撮影:岡村良一

Column

# 日欧混在の台湾高速鐵道

2007年に開業した台湾高速鐵道は、日本の新幹線の初輸出と言われることがよくあります。たしかに写真の700Tは日本製で、そのベースになったのは35項に写真がある東海道・山陽新幹線の700系です。しかし、高速鉄道のシステム全体を日本が輸出したわけではありません。

元々、台湾高鐵は欧州の技術を導入する計画で、土木構造物は欧州規格で建設が始まりました。橋梁などが新幹線と比べて頑丈なのは、欧州の重い車両を走らせるためです。その車両はドイツICEの動力車とフランスTGVの客車を組み合わせた列車で、欧州内でデモ運転も行われました。ところが、1998年ドイツICEが死者100名を超える脱線事故を起こし、1999年には台湾大地震が発生し、欧州のシステムを導入することが疑問視され、さらに政治的な判断も加わり、車両や信号などは日本から導入することになりました。

車両は最高時速300㎞で、外観も車内も新幹線に似ていますが、異なる部分もたくさんあります。たとえば火災対策は英国規格を適用したため、日本で認定されている材料が使えなくなったり、緊急避難用に窓ガラスを割るハンマーが設置されたりしています。また車掌のドア開閉操作は12両編成中どこからでもできるように、全てのドアにキーを入れて操作する（車掌がいるドアだけ後から閉める）スイッチが設けられ、乗務員室扉はありません。

複線で左側通行は日本と同じですが正確に表現すると単線並列、事故や工事の際は単線運転することが可能です。世界的に見れば、単線運転を考慮しない日本の複線の方が特殊なシステムと言えます。信号システムは当時日本で導入され始めたデジタルATCですが、双方向運転に対応しています。日本の信号メーカーは国内で作れない実績を台湾で築くことができたわけです。

▲日本の700系をベースに誕生した台湾高鐵700T（2012年、新竹）

第6章

# 高速からブレーキをかける技術

# 36 摩擦ブレーキの限界

## ディスクを押さえるパッドの摩擦

ブレーキの目的はいくつかあります。停車中に動かないようにすること、減速したり停止したりすること、そして勾配を下る時に速度を抑えることです。鉄道車両のブレーキは車輪を押さえて摩擦を利用するのが基本ですが、回転する車輪を押さえれば熱が発生するので、新幹線のような高速列車の場合は輪軸にディスクを設け、それをキャリパで挟んでブレーキをかけます。

動力を持つ台車の場合、輪軸の内側には空いたスペースがないので、ディスクは車輪の内外両面に1セット取付けます。表面は摩擦材であるパッド（ライニング）を当てるので平滑ですが、裏面は冷却のため空気がよく通るよう羽根車状になっています。そしてパッドを取付けたキャリパでディスクを挟みますが、その力はブレーキ装置から送られてくる空気圧、またはその空気圧を強力に変換した油圧です。

パッドの材質はいろいろありますが、新幹線の場合は耐熱性が高く摩擦特性が安定している銅系の焼結合金（金属粉末などを焼き固めた材料）を使っています。新幹線が駅に進入してきて停止する直前、「キュルキュルキュル……」という甲高い音が聞こえることがありますが、あれは焼結合金のパッドが鳴いているのです。通勤電車は材質が違うので、あの音はまず聞こえません。

このように新幹線の摩擦ブレーキは、高速走行にも耐えられるようにいろいろ工夫をしていますが、パッドの摩耗は避けられず、ディスクも繰り返し発熱し高温になると傷んできます。できれば第5章で説明したように、モーターを発電機として作用させてブレーキ力を得る電気ブレーキ（発電ブレーキまたは回生ブレーキ）の常用が望ましいのです。ただし非常ブレーキでは、最高速度から摩擦ブレーキだけで確実に停まることが必要です。

要点BOX

- ●車輪・車軸に取り付けるディスク
- ●摩擦材のパッドは焼結合金製
- ●パッドの摩耗とディスクの発熱

## ディスクブレーキ

ディスクブレーキは、ディスク・パッド・キャリパの3点セット

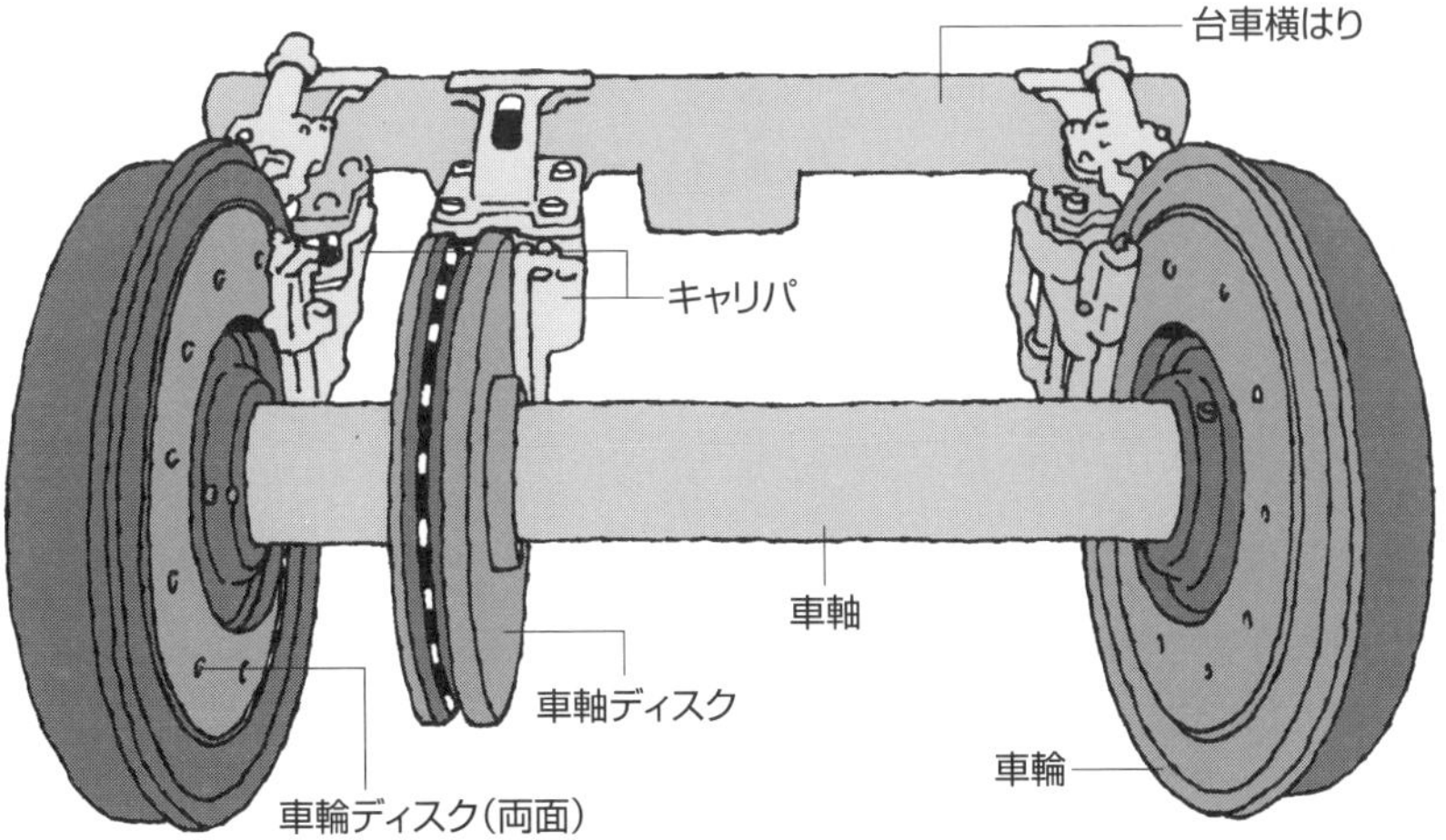


## キャリパ取付部分の拡大図

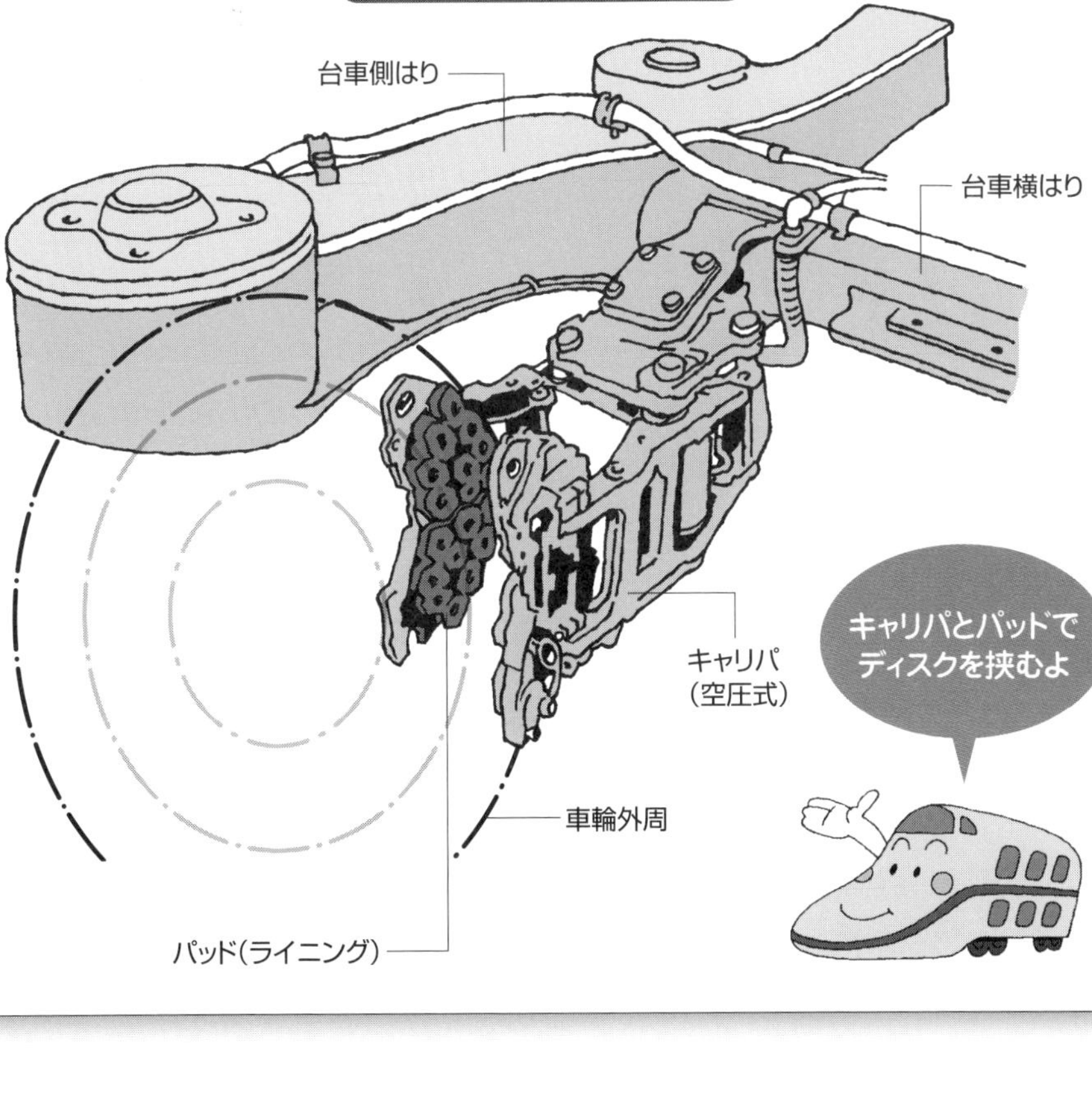

# 37 ブレーキに有利な動力分散方式

## 電気ブレーキの活用がさらなる高速化の鍵



前項で高速列車は電気ブレーキ（発電ブレーキまたは回生ブレーキ）の常用が望ましいと述べました。そのためには各車両が全て動力を持っていることが理想で、日本が最初から採用した動力分散方式が有利になります。欧州では動力集中方式ありきで高速列車を開発したため、動力を持たない客車には摩擦ブレーキを使うしかありませんでした。そのような背景があるため、欧州は摩擦ブレーキを高速列車に対応させる技術には一日の長がありました。

１９９０年代になると、世界の高速列車の最高速度は時速３００㎞の大台に乗るようになりました。ブレーキが吸収する運動エネルギーは速度の二乗で増加しますから、摩擦ブレーキだけで減速させるのはますます困難になってきました。フランスは動力集中方式にこだわりましたが、ドイツはそれに気付いて方針転換し、動力分散方式により最高速度は時速３００㎞を達成しました。

現在、中国が世界最大の高速鉄道王国になりました。当初は自主開発でスタートしましたがうまくいかず、方針転換して日本や欧州からの技術導入を決めました。その時に「提案は動力分散方式に限る」としたのです。日本とドイツは自国のシステムを提案しましたが、フランスは対応できずイタリアのシステムを提案しました。こうして世界の高速列車の流れは動力分散方式になったのです。

従来は駅間距離が短い都市の旅客輸送は電車（動力分散方式）、高速列車も含めて長距離旅客列車や貨物列車は機関車牽引（動力集中方式）というのが世界の常識でした。電車が早くから発達して旅客列車のほとんどが動力分散方式の日本の状況は特殊でした。ブレーキの課題解決のため高速列車が動力分散方式になると、交流モーターの採用などで保守軽減が進んだことと相まって、それほど高速でない旅客列車でも動力分散方式が増えつつあります。

**要点BOX**

- 運動エネルギーは速度の二乗で増加
- 最高時速300kmを超えて変わる流れ
- 世界の流れが日本の流儀に

## 速度の二乗で増加する運動エネルギー

運動エネルギー　$K=\frac{1}{2}mv^2$

m：質量
$v$：速度

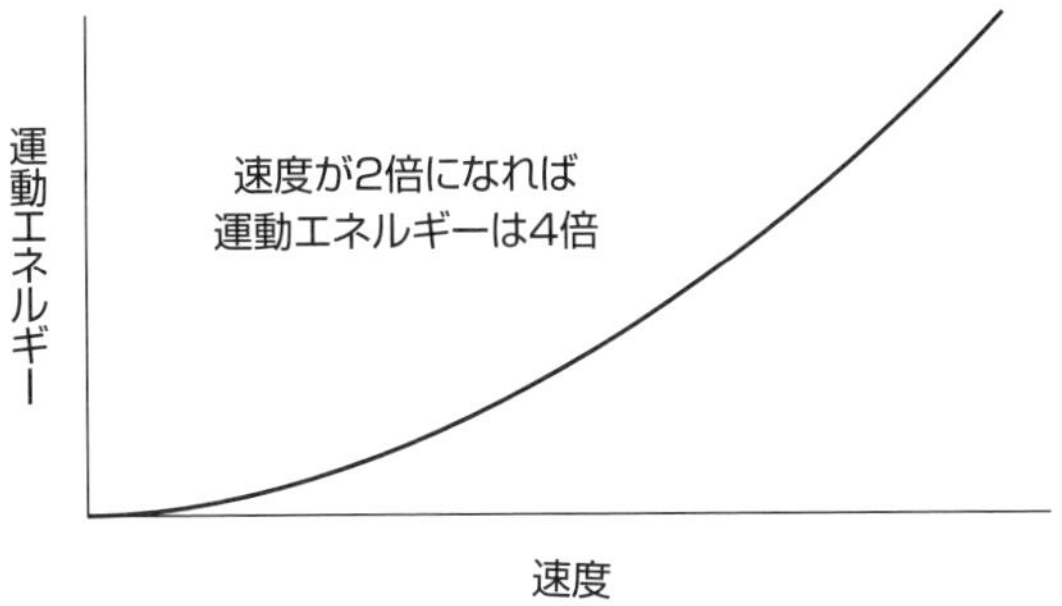


動力集中方式では摩擦ブレーキで運動エネルギーを奪う（熱に変換する）必要があり、高速になるほど困難

→ **電気ブレーキが使える動力分散方式へ**

（2008年、北京南）

中国の高速列車は最初から日本と同じ動力分散方式、左は日本のE2系がベースのCRH2C、右はドイツのICE3がベースのCRH3

# 38 渦電流ブレーキ

## モーターを持たない車両で使える電気ブレーキ



動力を持たない付随車のブレーキは摩擦ブレーキしかないわけですが、それを高速領域だけでも肩代わりしようと導入されたのが渦電流ディスクブレーキです。車軸に鋼製のディスクを取り付け、それに触れずに挟み込むように電磁石を配置します。N極・S極が交互に配置された中をディスクが高速で回転すると、ディスクの中に渦電流が発生し熱となって消費され、ブレーキ力が発生するのです。

新幹線の0系と200系は全てモーターが付いた電動車でしたが、次に登場した100系の先頭車と2階建て中間車（16両中4両）は付随車なので、この渦電流ディスクブレーキを採用しました。第5章でも触れた300系の16両中6両の付随車にも採用しましたが、モーターなどの軽量化を徹底した一方で、渦電流ディスクブレーキは軽くすることができないので、電動台車より付随台車の方が重くなるという逆転現象が起こってしまったのです。

ブレーキで奪った運動エネルギーは熱に変換してその場で捨てるので、摩擦ブレーキでも渦電流ブレーキでもディスクは高温を避けるために重くなってしまうのです。その後に登場した山陽新幹線の500系は全てが電動車になり、渦電流ディスクブレーキは東海道新幹線の700系まで付随車に採用されましたが、それ以外の新幹線の付随車は摩擦ブレーキのみになりました。

渦電流ブレーキには、もうひとつ渦電流レールブレーキがあります。電磁石をレールすれすれに配置して、渦電流をレールの中に発生させてブレーキ力を得ます。熱が発生する地点は時々刻々変わりますからレールが高温になることはなく、また強力なブレーキをかけても車輪が滑走することがありません。ドイツのICE3形などが採用していますが、信号システムに与える影響など課題が多く、日本では試験を実施しましたが採用には至っていません。

**要点BOX**

- ●摩耗部品がない渦電流ディスクブレーキ
- ●発熱に対応するために重くなるディスク
- ●強いブレーキが可能な渦電流レールブレーキ

## 過電流ディスクブレーキ

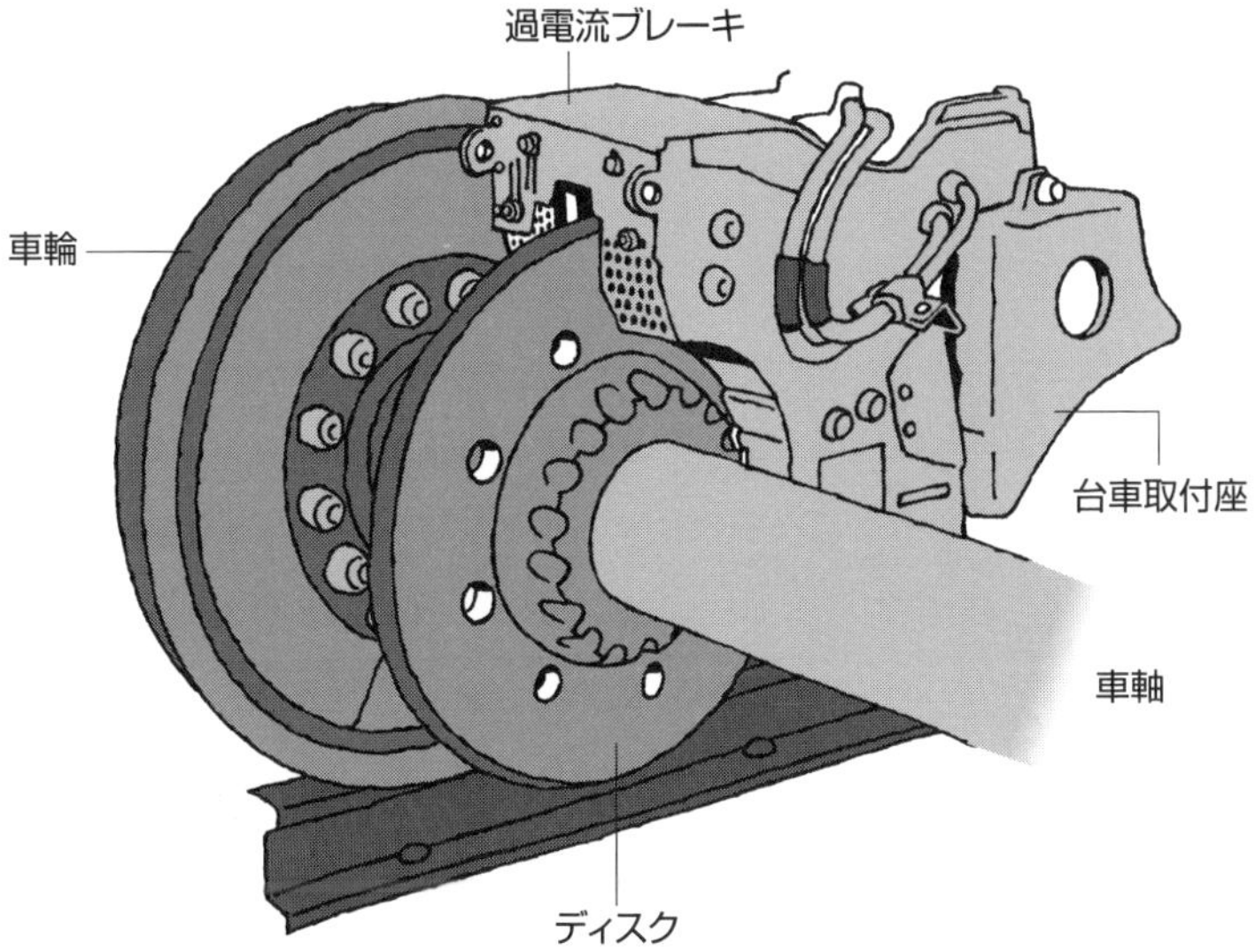




## 過電流レールブレーキ

（2014年、ミュンヘン）

ドイツICE3の台車に装備された過電流ブレーキ

# 39 軽井沢から高崎へ下るには

## 延々30㎞続く勾配を高速で駆け降りるには

北陸新幹線の高崎駅と軽井沢駅の標高差は約850mあります。昔の信越本線は碓氷峠《うすいとうげ》（横川〜軽井沢間）の急勾配66・7‰（66・7／1000）を補助機関車の助けを借りて登り降りしました。北陸新幹線は碓氷峠をトンネルで迂回して勾配を30‰（30／100）としましたが、勾配の総延長は30㎞近くに及びます。この勾配を下るには、放出される位置エネルギーを吸収し続けて速度を抑えることが必要です。

そこは電気ブレーキの出番ですが、北陸新幹線計画当時の新幹線車両は発電ブレーキで、この区間を高速で下るには抵抗器の容量を巨大にするしかなく、現実的ではありませんでした。当時の国鉄は回生ブレーキを使って勾配を下ることを考え、実用化されつつあった交流モーターを使うシステムの研究に着手したのです。そのシステムが実用化されたのは東海道新幹線の300系ですが、実は碓氷峠を高速で下るための研究が東海道で実を結んだのです。

1997年、北陸新幹線は長野オリンピックの前に開業、E2系が連続勾配の高速走行で活躍し、現在はE7系に引き継がれています。勾配を下る列車で発電された電力は、架線に送り返されて勾配を上る列車に供給されます。井戸の釣瓶《つるべ》のようにエネルギーをやり取りすることにより、無駄にエネルギーを消費することなく、標高差のある区間でも高速運転が可能になったのです。

回生ブレーキを常用してこそできる高速走行ですが、制御装置の故障や地震など、いざという時は摩擦ブレーキで勾配を下ることが必要です。最も厳しい条件は、摩擦ブレーキで勾配を抑速しながら降りてきて、最後に非常ブレーキで停止することです。車輪が回転している時はブレーキディスクに風が通って冷却されますが、連続使用で熱くなったブレーキディスクを強く挟んで非常ブレーキで停まると、冷却が緩慢な状態でさらに熱くなるからです。

**要点BOX**

- ●回生ブレーキで高速走行が可能に
- ●エネルギーを井戸の釣瓶のようにやり取り
- ●摩擦ブレーキのバックアップ

## 高崎～軽井沢間　線路縦断図

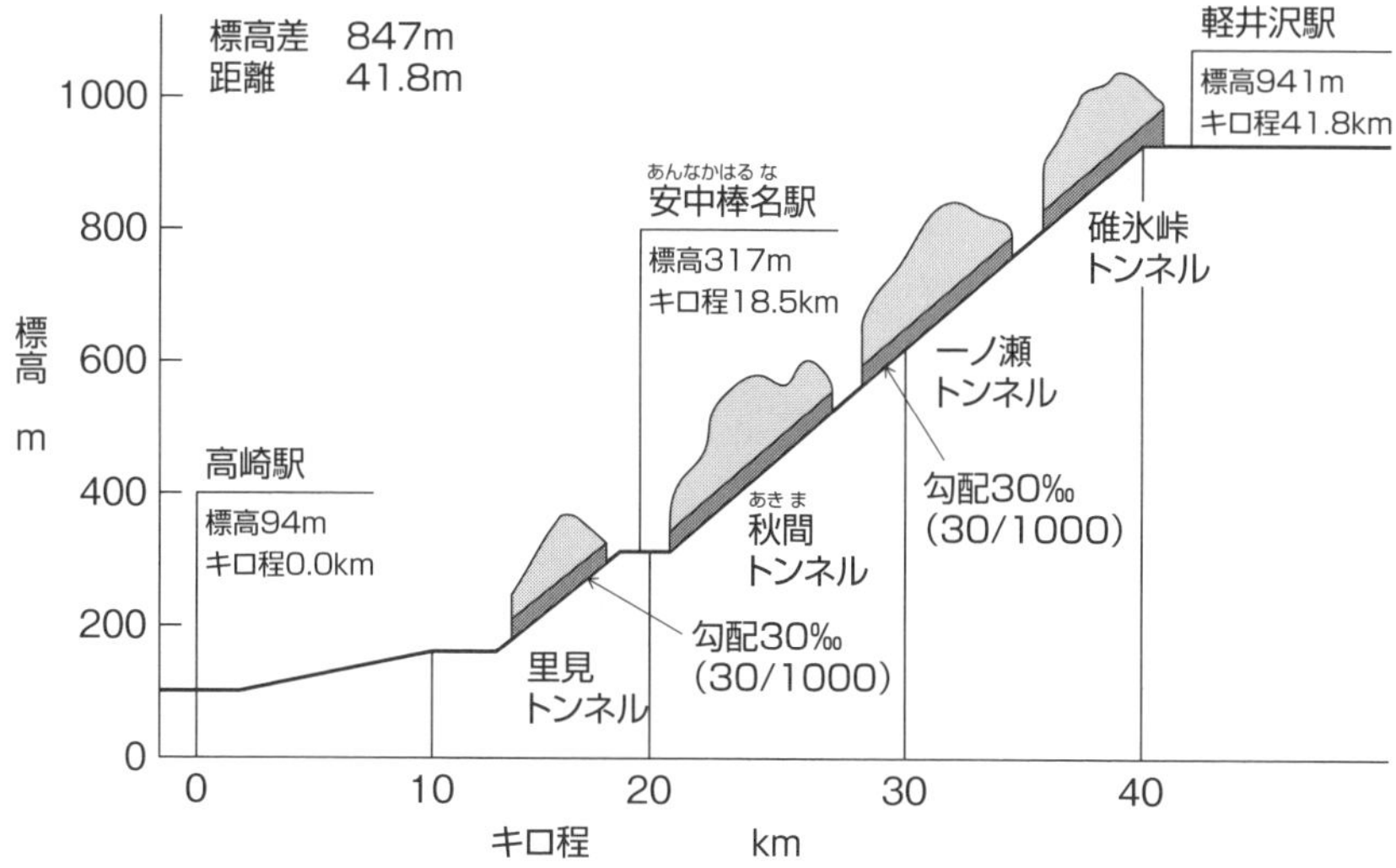

(2014年、熊谷～大宮)

30‰の連続急勾配を登り降りできる性能を持つ北陸新幹線E7系、電源周波数50Hz・60Hz両用

# 40 地震でいかに早く停めるか

## 変電所の地震計で送電停止

鉄道車両は急に停まることはできず、特に高速列車は停止するまで数㎞を走ってしまいます。大きな地震が発生すると、高架橋の崩落や脱線の可能性があるため、いち早く地震を検知して停止手配を取る必要があります。新幹線では当初から沿線の変電所に地震計を設置し、一定の加速度以上になると送電を止め、列車は停電を検知すると自動的に非常ブレーキをかける仕組みになっています。

東北新幹線開業時は、宮城県沖の海溝部に震源が多いことから、海岸線に地震計を設置して電気信号により地震波の到達より早く送電を止めるようにしました。また、第1章にも登場した鉄道技術研究所（現鉄道総合技術研究所）が開発した早期地震検知警報システム（ユレダス）は、P波（初期微動）を検知してその後のS波（主要動）が到達する前に送電を止めるシステムで、各新幹線に導入されました。現在では、さらに多くの情報を活用したシステムに進化しています。

停電を検知すると自動的に非常ブレーキがかかります。新幹線の非常ブレーキは、通常の電車と異なり電気ブレーキを併用しますが、停電を検知した場合は摩擦ブレーキのみを使用します。最近の新幹線は、強いブレーキをかけても車輪が滑走しないように、レール面上にセラミック粉末を噴射するセラジェットを台車に設置して非常ブレーキとともに噴射、停止距離が延びないようにしています。

停電により検知するシステムの場合、回生ブレーキを使うと検知できなくなります。そこで、回生電力の周波数を本来の周波数よりわずかに低くしておき、送電が止まったことを検知できるようにしています。地震で送電を止める方法は確実ですが、一時的にせよ全ての電源を断つ荒療治であり、今後は地震検知と信号システムを直接連動させて非常ブレーキをかける方法に移行するものと思われます。

**要点BOX**

- ●停電を検知して非常ブレーキ
- ●早期地震検知警報システム
- ●セラミック粉末で滑走防止

## 沿線地震計による送電停止

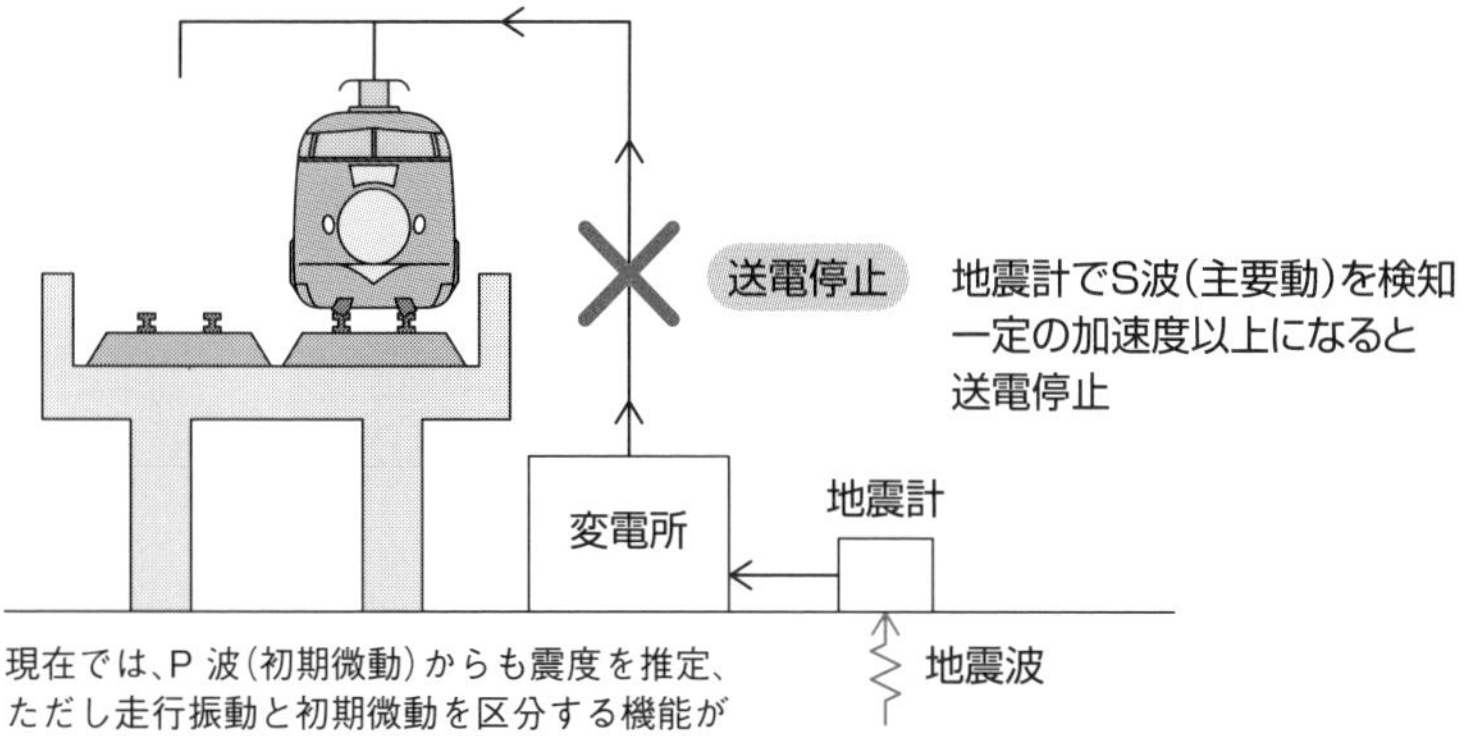
送電停止
地震計でS波(主要動)を検知
一定の加速度以上になると
送電停止
変電所
地震計
地震波

現在では、P 波(初期微動)からも震度を推定、
ただし走行振動と初期微動を区分する機能が
必要

## 早期地震検知警報システム

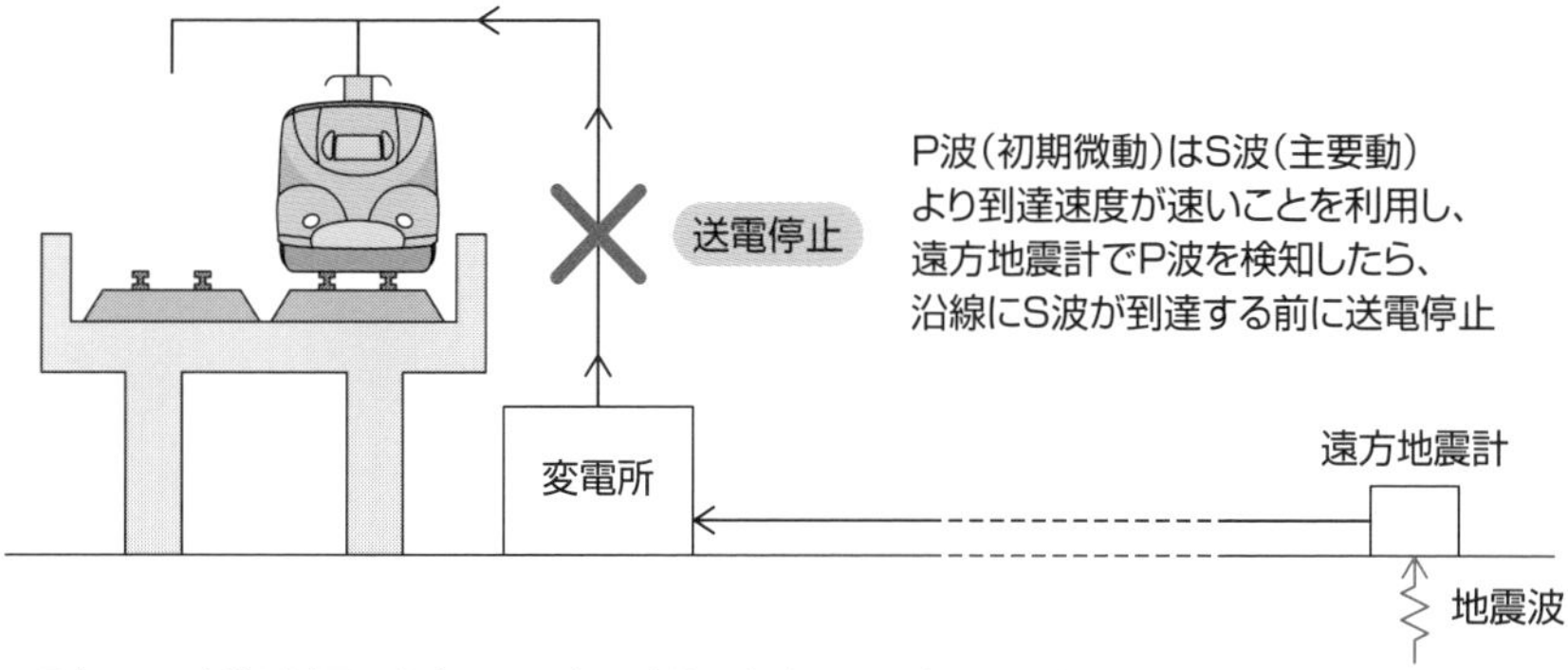
送電停止
P波(初期微動)はS波(主要動)
より到達速度が速いことを利用し、
遠方地震計でP波を検知したら、
沿線にS波が到達する前に送電停止
変電所
遠方地震計
地震波

現在では、連動型地震が想定される広い地域で大地震が発生した場合、
気象庁の緊急地震速報を利用して送電停止

地震が起きれば、
すぐに送電停止
するんだ

# 41 踏面清掃子という裏方

## 粘着を保って空転・滑走を防止



鉄道車両の加速・減速は、回転する車輪がレールを蹴ったり踏ん張ったりして行います。その際、必要以上の力を出すと、レールの上で車輪が空転したり滑走したりします。車輪とレールの間の摩擦を粘着といいますが、粘着が低下すると空転・滑走が発生、特にブレーキ中に滑走が発生すると停止距離が延びてしまいます。雨や雪の日は晴れの日より粘着が低下しますが、車輪踏面《とうめん》の汚れなどによっても粘着が低下します。

新幹線の摩擦ブレーキはディスクブレーキなので、仮に車輪踏面が汚れても踏面ブレーキのようにブレーキシューで踏面を擦って清浄を保つことができません。野放しにしておくと車輪踏面が汚れたり、逆に鏡のようにツルツルになってしまうことがあり、いずれも粘着を低下させる原因になります。そこで登場する裏方が踏面清掃子です。車輪踏面に砥石のようなものを軽く当てて、錆や汚れを取り除くとともに、車輪踏面を適度な粗さに保って鏡面化を防ぎ、粘着を最良の状態に保つ役目を担っています。

電車に乗ると、床下から「タンタンタン……」という連続音が聞こえてくることがあります。あれはブレーキをかけて車輪が滑走し、車輪踏面に平らな傷（車輪フラット）ができて発生する音です。大きなフラットができてしまうと、車両を1日休ませて、車両基地にある車輪転削盤で1両につき8カ所の車輪を同じ直径に削り直す必要があります。新幹線では車輪が滑走しないよう、粘着が低下する高速域でのブレーキ力を弱めたり、滑走すると一瞬ブレーキ力を緩める制御をしていますが、その前提となる正常な粘着を保っているのが踏面清掃子です。

この第6章では、高速列車を停める技術がいかに難しく、それをどうやって解決してきたかを説明しました。第7章では、車両に電気を送り込む地上側の技術を中心に話を進めていきます。

**要点BOX**

- ●車輪踏面の汚れを防ぎ粗さを保つ
- ●高速走行の大敵である滑走を撲滅

## 踏面清掃子

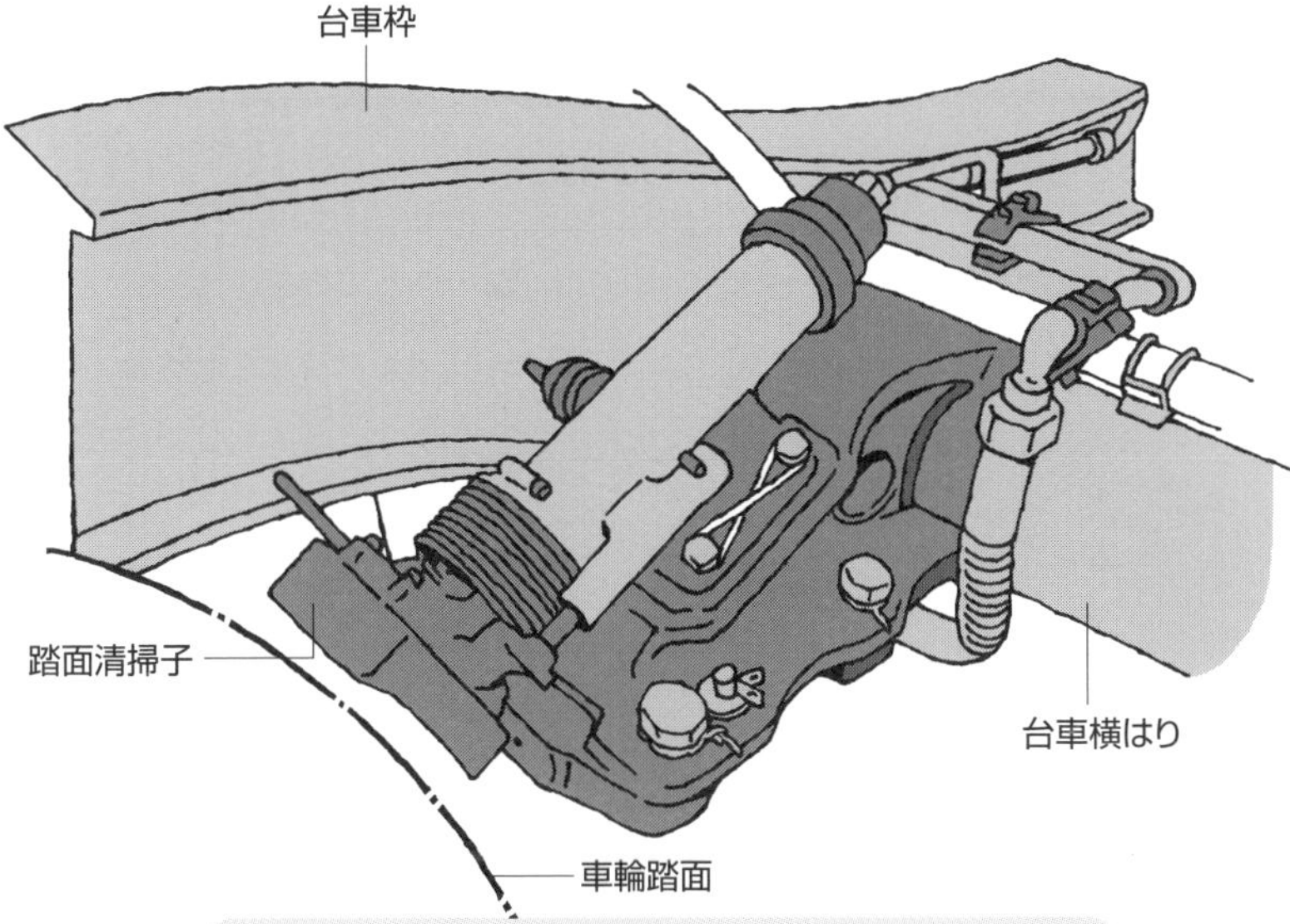


車輪踏面の錆や汚れを取り除くとともに、適度な粗さを確保

（2009年、八戸）

全ての新幹線の良好な粘着は踏面清掃子が確保、写真は東北新幹線E2系

Column

# 新幹線の寝台車は中国で実現

2項で新幹線のルーツは南満洲鉄道と述べましたが、中国もルーツは共通で車両断面は新幹線とほぼ同じです。また37項で説明したように、今世紀中国が高速列車技術を外国から導入する時、「動力分散方式に限る」と決めました。その2つの理由から、中国の高速列車は日本の新幹線と似ているのです。中でも日本が技術移転したCRH2シリーズは、41項に写真がある東北新幹線のE2系と酷似しています。

さて、1975年の山陽新幹線博多開業を控えて、東海道・山陽新幹線（東京〜博多間）に寝台列車を走らせる計画がありました。1973年に製造された試験車961形には、個室寝台と開放寝台が設けられました。結局、夜間に走行すると、線路の保守時間が確保できないこと（単線運転するには設備投資が必要であること）、騒音問題が発生する可能性があることから、実現しませんでした。

一方、中国では高速列車の走行距離が長く、寝台列車の需要があります。新幹線と車体断面が同じなので、新幹線の「幻の寝台車」を体験することが可能です。写真のCRH2Eは16両編成で、両先頭の2等座席車と食堂車以外は全て1等寝台車（軟臥）、片側通路の4人個室になっています。最近では中央通路を挟んで、飛行機のビジネスクラスを互い違いに並べて2段にしたような開放寝台（動臥＝軟臥の廉価版）もあります。

運転区間は北京〜上海、北京〜昆明、北京〜深圳、北京〜青島、上海〜西安をはじめ多数あり、旅行プラン立案には日本で出版されている『中国鉄道時刻表』が便利です（左記URL）。

◉中国鉄道時刻研究会
https://www.shikebiao.info/

▲日本のE2系をベースにした中国の寝台高速列車CRH2E（2011年、上海）

# 第7章
# 電気を送り込む技術

# 42 交流電化と周波数

## 新幹線計画段階で成功した交流電化

第5章で述べたように、鉄道車両を動かすモーターは当初から100年以上直流モーターで、電化方式は当然のことながら直流電化でした。直流モーターは簡単に制御できることから便利ですが、モーターの絶縁との関係で電圧を高くすることができず（最高でも3000V、日本国内では1500V）、電流が大きくなるため、変電所の設置間隔を短くせざるを得ませんでした。

一方、家庭や工場に供給される電気は、変圧器で電圧が自由に変えられる交流です。高い電圧で送電できて電流が小さいので損失が少なく、使う場所の近くに変圧器を設けて電圧を落とせばいいのです。1900年代のドイツでは、直流モーターと同じ構造のモーターを交流で回して鉄道車両を動かそうとしました。周波数が高いと整流子・ブラシ間の電気のやり取りがうまくいかないので、15kV・$16\frac{2}{3}$Hzという特殊な周波数で交流電化しました。

1950年代、日本で幹線電化を計画するに当たり、変電所の数を減らせる交流電化に着目しました。当時、商用周波数（一般に供給される50Hzや60Hz）の交流電化を実用化したフランスから電気機関車を数両輸入しようとして断られ、独自に開発して仙山《せんざん》線の仙台～作並《さくなみ》間を20kV・50Hzで電化して試験を繰り返しました。そして、交流を直流に変換して直流モーターを使う方式を実用化、北陸本線・田村～敦賀《つるが》間を20kV・60Hzで交流電化しました。

その頃に計画された東海道新幹線は、高速走行するため高出力で、直流電化すると電流が過大になるため、交流電化することになりました。ただし、電源の周波数は富士川《ふじかわ》を境に東側が50Hz・西側が60Hzのためどちらかに統一する必要がありました。そこで、東側の変電所では周波数変換装置（回転変流機、現在は静止型変換器に置き換え中）で周波数を変換して、全線25kV・60Hzで交流電化しました。

要点BOX

- ●変電所を少なくできる交流電化
- ●高速列車に対応できる交流電化
- ●商用周波数は50Hzと60Hz

## 直流電化

## 交流電化

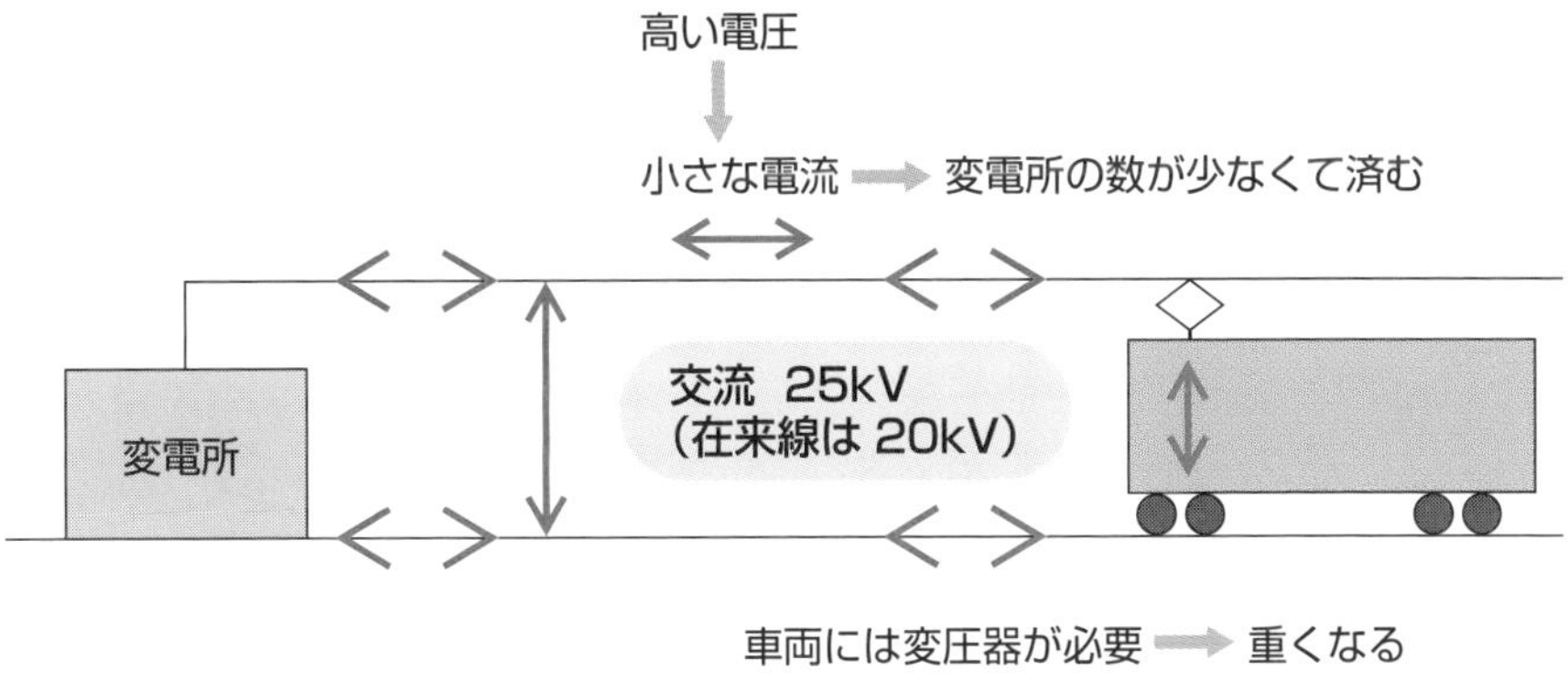


周波数：富士川を境に東側が 50Hz、西側が 60Hz

## 日本における交流電化の始まり

| | | |
|---|---|---|
| 1957年 | 仙山《せんざん》線 | 仙台～作並《さくなみ》(1955年　試運転開始) |
| 1957年 | 北陸本線 | 田村～敦《つる》賀《が》(現在は直流化) |
| 1959年 | 東北本線 | 黒磯～白河 |
| 1961年 | 鹿児島本線 | 門司港《もじこう》～久留米《くるめ》 |
| 1964年 | 東海道新幹線 | 東京～新大阪(1963年　試運転開始) |

# 43 三相交流から単相交流への変換

## 変電所から架線とレールに送り出す単相交流



交流とは、時間とともに周期的にプラスマイナスが変化する波のような電流のことですが、2本の電線を用いる方式を単相交流、位相（波のタイミング）を互いにずらした3系統の単相交流を組み合わせて、3本の電線を用いる方式を三相交流といいます。家庭の電燈用などには単相交流、工場の動力用などには三相交流が使われています。発電所からの高圧送電線は3本や6本などの3の倍数なので、三相交流が送られていることがわかります。

欧州の登山電車や日本の新交通システム（ゴムタイヤ式の電車）には三相交流で電化したところもありますが、一般に鉄道の交流電化は単相交流で行われます。空中に張った架線とレールがそれぞれ2本の電線の役目をしています。三相交流で電化すると空中に2本の架線を張ったり、側方に架線を3本設ける必要があるので、分岐部分が複雑になるとともに電圧を高くできません。

新幹線の変電所では、発電所から送られてくる高電圧（たとえば154kV）の三相交流を受け、特殊な変圧器で電圧を下げる（25kV）とともに単相交流に変換して架線に送り出します。変圧器にはいろいろな種類がありますが、最も基本的なスコット結線変圧器の回路を左のページに示します。この変圧器の仕組みを説明するのは難しいので結果だけをまとめると、位相が90°（波のタイミングが4分の1）ずれた2組の単相交流が出てきます。

変電所から架線とレールに単相交流を送り出す時、位相が異なる2組を送り込む架線は電気的に縁を切っておく必要があります。架線の電気的な境目をセクションと呼びます。複線の線路を交流電化する時、上り線・下り線で分けるか、起点側・終点側で分けるか2通りの方法があります。前者は上下線を渡るポイントにもセクションを設ける必要があることから、主に後者が用いられます。

**要点BOX**

- 特殊な変圧器で三相を単相に変換
- 位相が異なる2組の単相交流
- セクションは架線の電気的な境目

## スコット結線変圧器

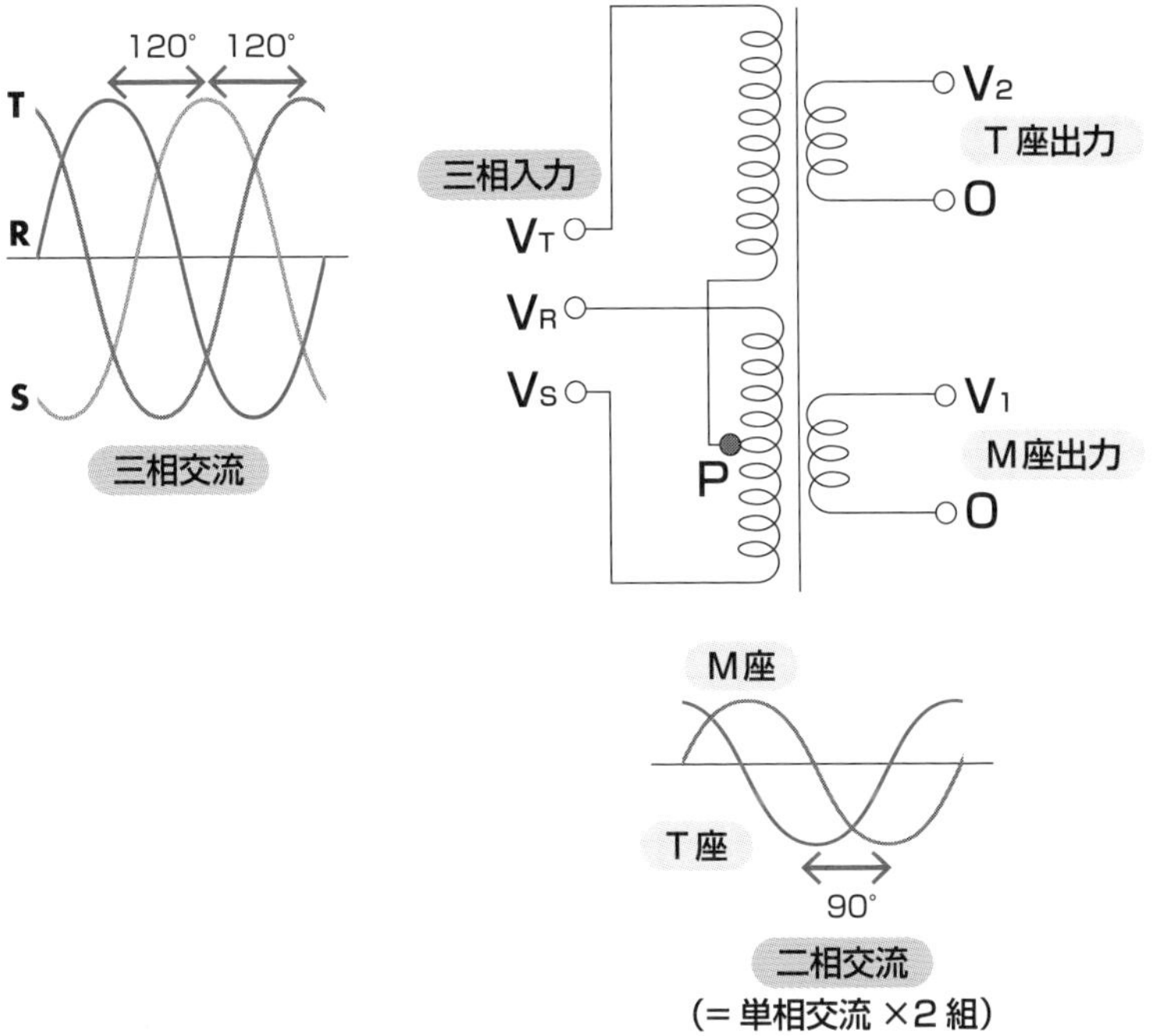


## 複線区間への各出力の接続

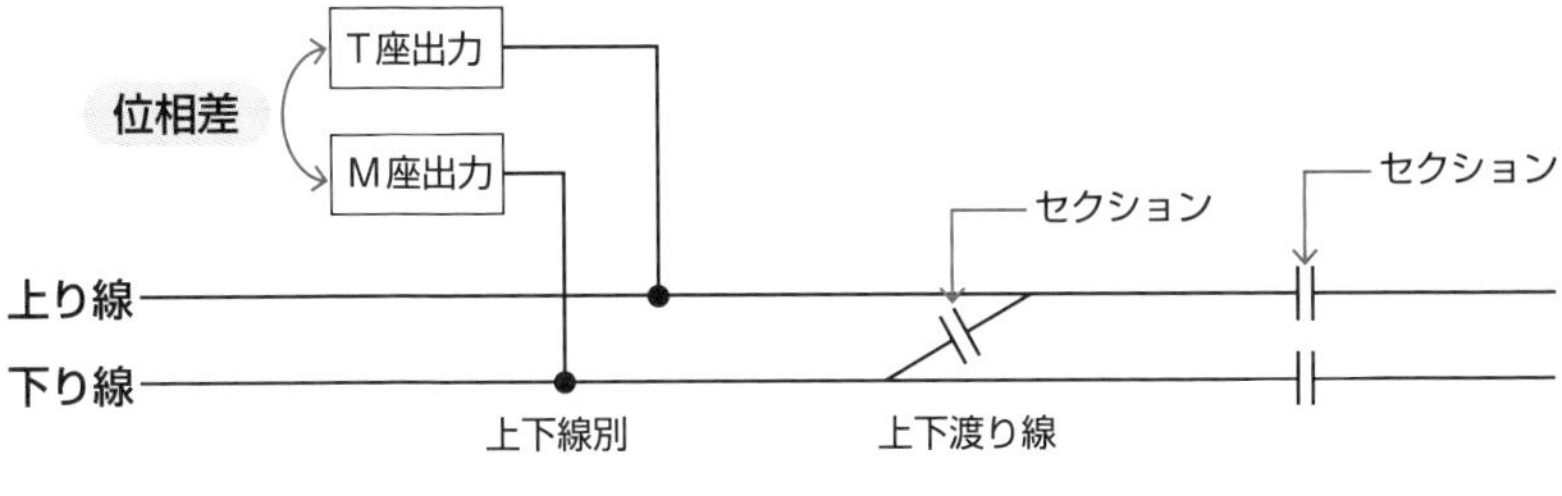


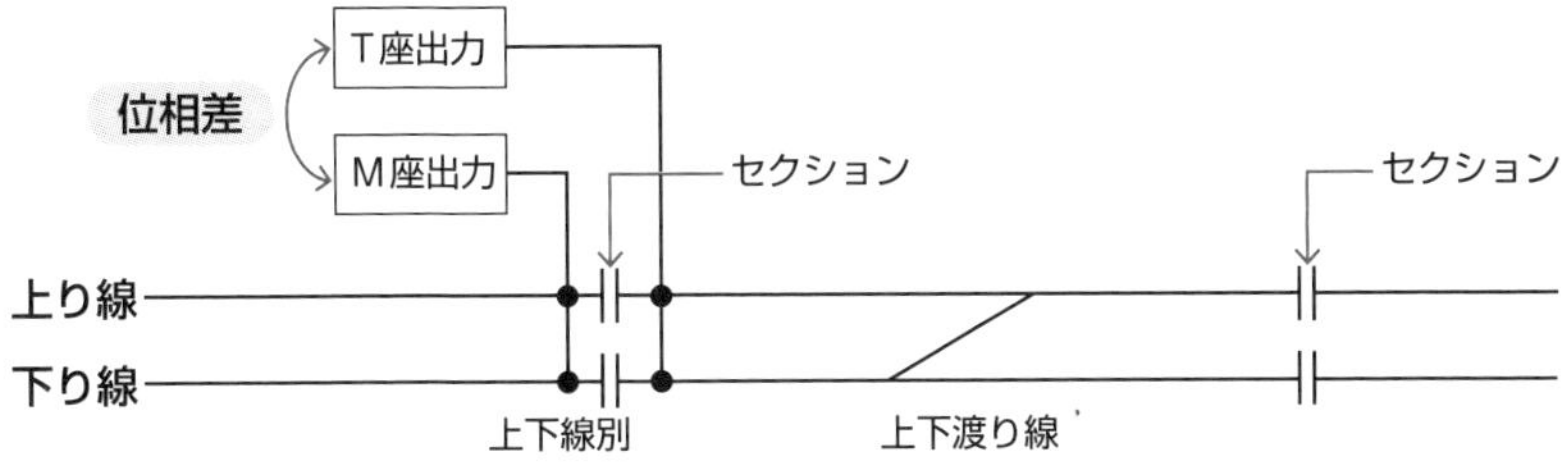

# 44 架線とレールへの電気の送り方

## 通信線への誘導障害を考慮

変電所から車両に電気を送り込むことを饋《き》電《でん》といいます。交流電化で最も簡単なのは直接饋電です。架線とレールに直接電気を送り込みますが、レールに電気が流れる距離が長いため、通信線への誘導障害が大きくなり、レールと大地の電位差（電圧）が上がる問題もあり、日本では採用されていません。海外では広く採用されていますが、レールを接地するためレール電位の問題はありません。レールを接地すると大地にも電気が流れ誘導障害も懸念されるため、日本ではレールを接地しません。

東海道新幹線開業時に採用されたのはBT饋電と呼ばれるもので、左ページの図のような回路を構成しています。架線と負饋電線に電気を送り込み、吸上変圧器（ブースタートランス）が架線と負饋電線の電流が同じになるよう作用するので、レールの電流は負饋電線に吸い上げられます。誘導障害の防止効果は大きいのですが、回路が複雑になり数kmおきに設けられたブースターセクションを通過する時に火花が出るなどの問題がありました。

山陽新幹線以降はAT饋電を採用しています。単巻変圧器（オートトランス）を使って、左ページの図のような回路を構成しています。架線と饋電線に電気を送り込みますが、送り込み電圧は架線電圧25kVの2倍の50kV、単巻変圧器の作用でレールに対する架線電圧は25kVになります。送り込む電圧が高いので電流が小さくなり、変電所の設置間隔を長くできます。またレールに流れる電流を饋電線に吸い上げるため、誘導障害の防止効果があります。

東海道新幹線のBT饋電は、列車の運行を続けるうちにいろいろな問題が顕在化してきました。後述する集電の問題を解決するためのネックにもなってきたので、300系が登場する際に大規模な改造工事を実施してAT饋電に変更しました。現在の新幹線は全てAT饋電で電気を送り込んでいます。

**要点BOX**

- ●レールを接地しない日本の流儀
- ●東海道新幹線開業時のBT饋電
- ●現在、全ての新幹線はAT饋電

## 直接饋電

日本では採用されていない

I：電流、E：電圧

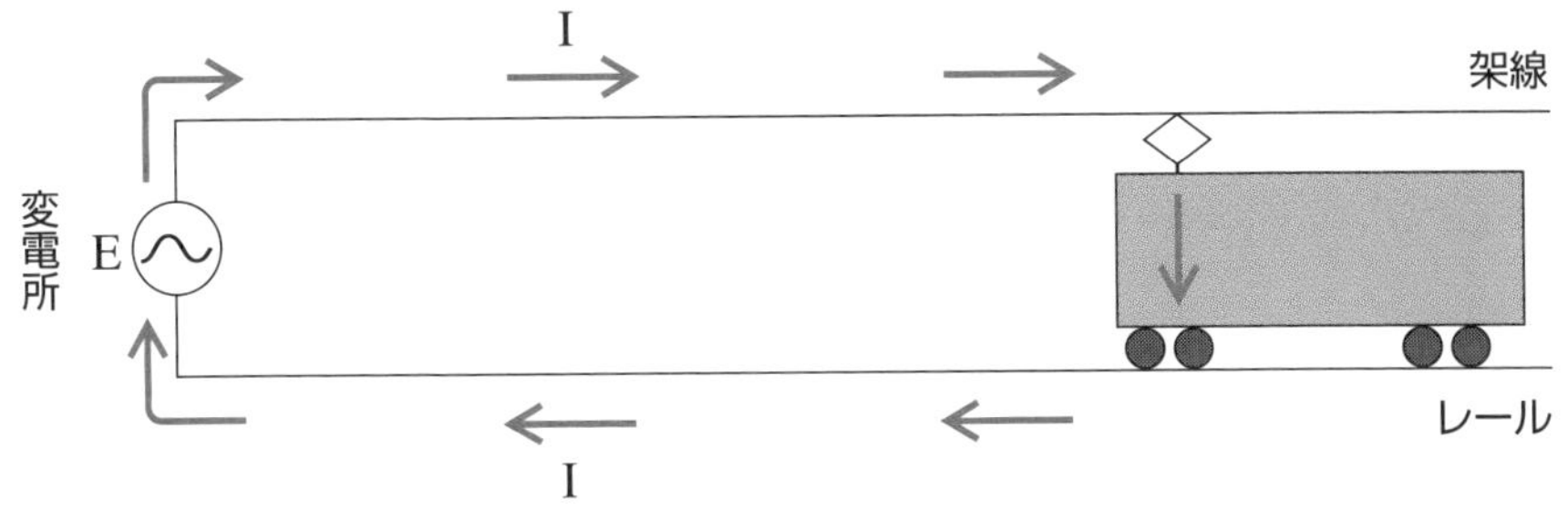


## BT饋電

開業時の東海道新幹線で採用

I：電流、E：電圧

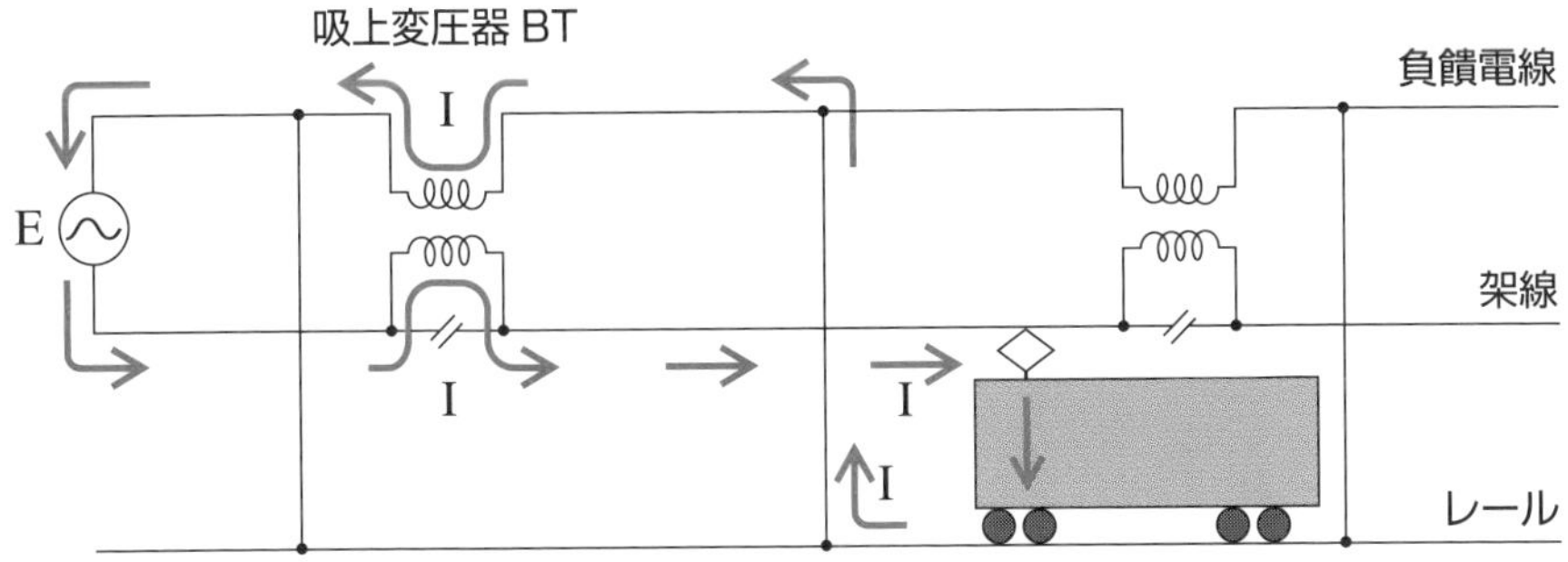


## AT饋電

現在、全ての新幹線で採用

I：電流、E：電圧

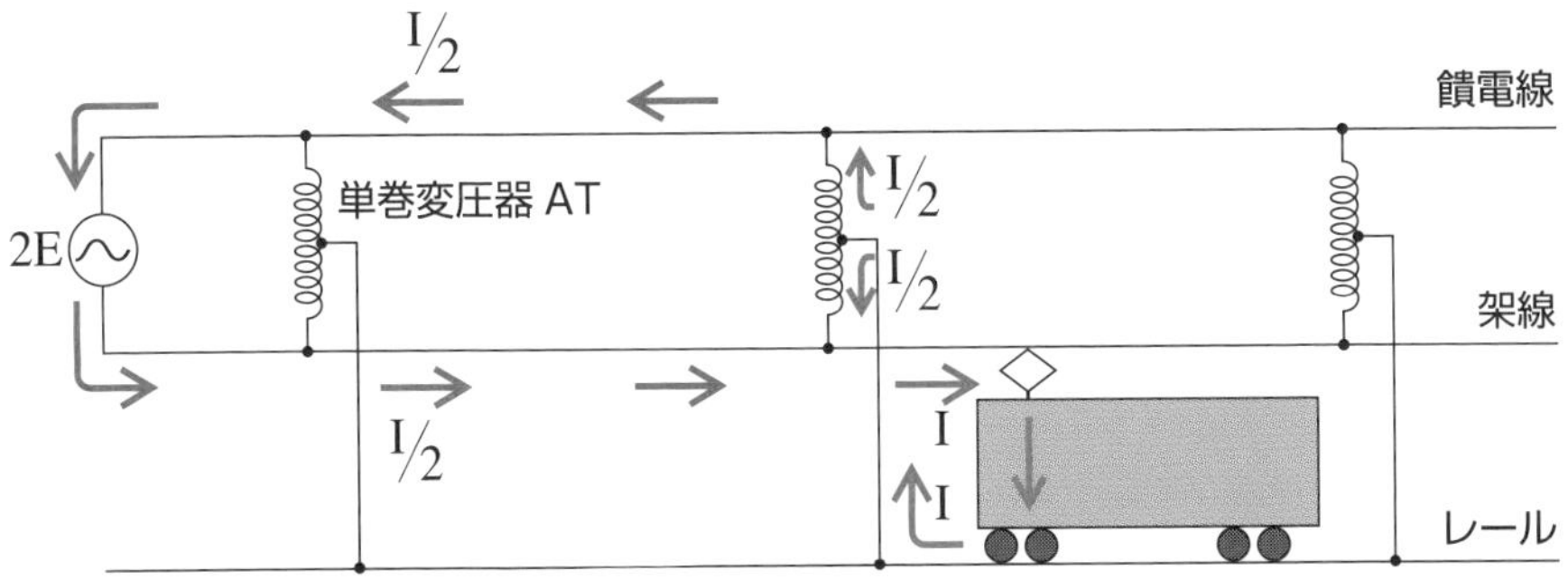

# 45 安定した集電を支える架線の改良

## 高速走行や強風に適応できる架線

鉄道電化は、空中に張られた架線にパンタグラフなどの集電装置が摺動接触する方式が主流です。左のページに代表的な架線の構造を3つ示します。まず直接《ちょくせつ》吊《ちょう》架《か》式《しき》、トロリ線1本の方式で支持点の間は重力で垂れ下がるので、高さは一定になりません。また支持点では折れるように曲がるので低速走行しかできず、用途としては路面電車などです。

支持点の間で重力により垂れ下がる電線は幾何学上の懸垂《けんすい》線《せん》（カテナリー）を描きます。シンプルカテナリー式は、懸垂線を描く吊架線から長さが異なるハンガーでトロリ線を吊り、トロリ線高さをほぼ水平に保つ方式です。コンパウンドカテナリー式は、吊架線・補助吊架線・トロリ線の3本で構成され、トロリ線に対する支持点の間隔を短くすることで、パンタグラフ通過による架線の押上量が支持点とその間で大きな差がなくなり、高速走行に向いています。

東海道新幹線開業に当たりコンパウンドカテナリー式が採用され、当初は吊架線下のドロッパに振動減衰用のダンパを入れた合成コンパウンドカテナリー式でした。しかし構造が複雑でダンパが重く強風に弱いことからダンパをやめ、トロリ線を太くして張力を高めたヘビーコンパウンドカテナリー式に改良しました。高い張力により波動伝搬速度が高くなり、高速走行でもパンタグラフが安定して追従し、国鉄時代の新幹線はこれが標準になりました。

1997年の高崎～長野間開業以降、新幹線の架線は張力をさらに高めた高速シンプルカテナリー式になりました。高い張力に耐えられるトロリ線が実用化され、構造が簡単な方式でも高速走行できるようになったのです。これに使われたのはCSトロリ線（銅クラッド鋼トロリ線）、鋼鉄の心線の周囲を銅で覆った電線です。最近ではPHCトロリ線（析出強化型銅合金トロリ線）が実用化され、2010年の八戸～新青森間開業以降の新幹線に使われています。

**要点BOX**

- ●架線の振動をいかにして抑えるか
- ●高速に有利なコンパウンドカテナリー式
- ●構造が簡単なシンプルカテナリー式へ

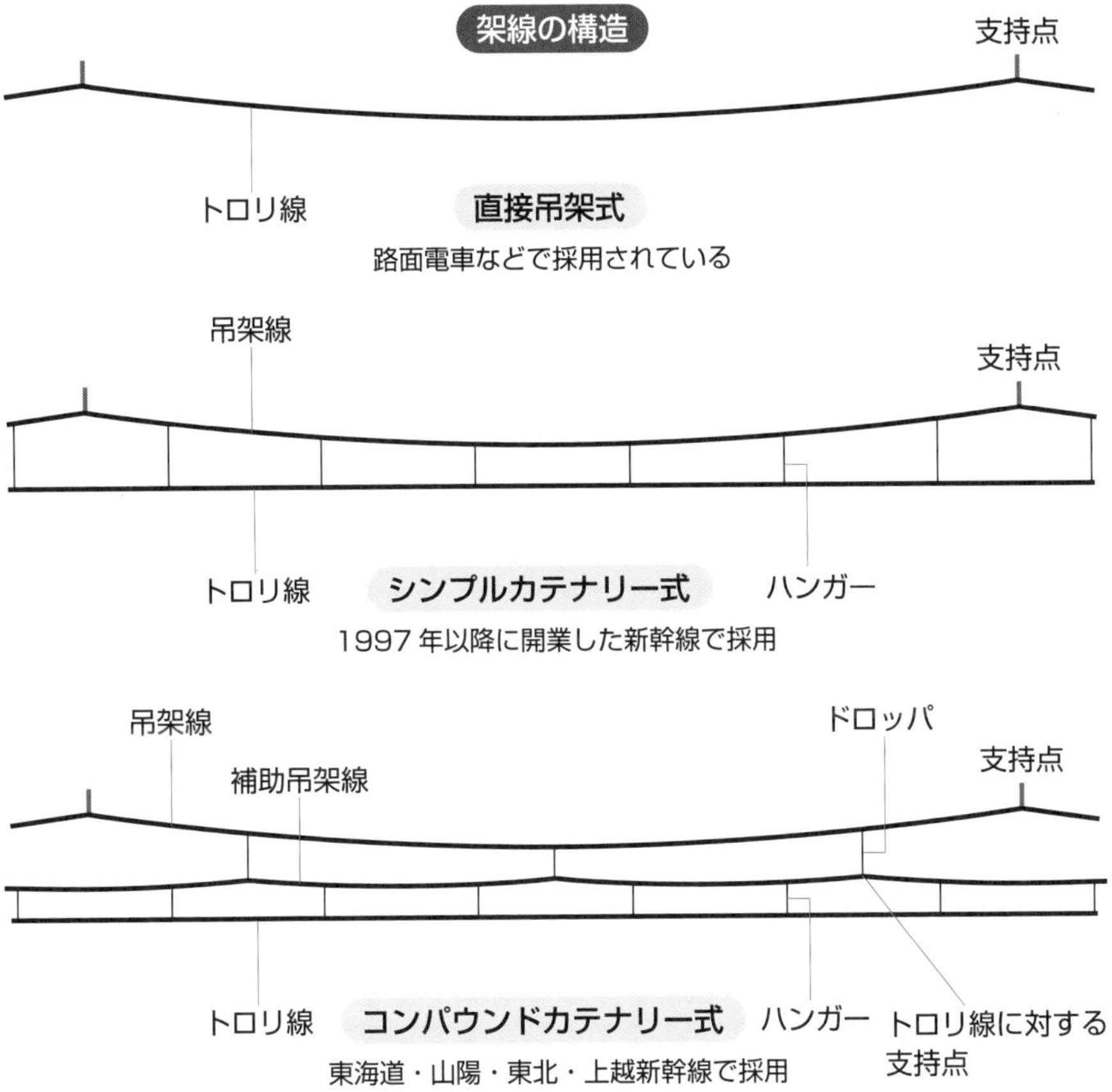
架線の構造
支持点
トロリ線
直接吊架式
路面電車などで採用されている
吊架線
支持点
トロリ線
シンプルカテナリー式
ハンガー
1997 年以降に開業した新幹線で採用
吊架線
ドロッパ
支持点
補助吊架線
トロリ線
コンパウンドカテナリー式
ハンガー
トロリ線に対する
支持点
東海道・山陽・東北・上越新幹線で採用

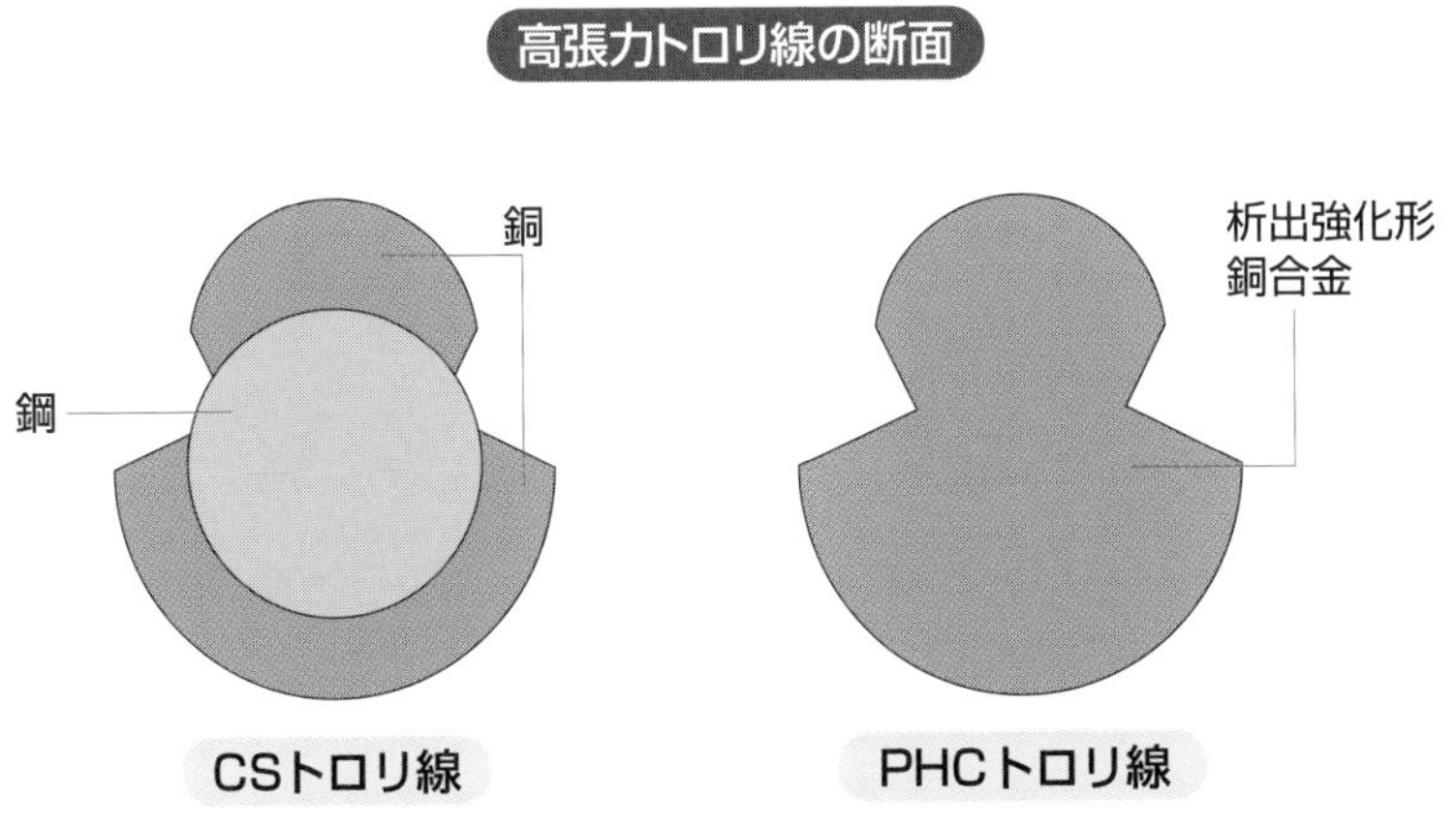
高張力トロリ線の断面
銅
鋼
CSトロリ線
析出強化形
銅合金
PHCトロリ線

# 46 パンタグラフの数の変遷

## 架線を揺らし騒音源となるパンタグラフ



パンタグラフは架線に追従するため上下に動きますが、高速走行するには軽くて小さい方が離線しにくく、新幹線では架線の高さをなるべく一定にしてパンタグラフを小さくしています。また新幹線では直線区間が長いですが、架線をまっすぐ張るとパンタグラフのすり板が常に中央で接触して摩耗が進むので、直線区間の架線はわざとジグザグに張って、すり板の局部摩耗を防いでいます。

第2章でも述べましたが、東海道新幹線が開業し問題になったのがパンタグラフの数です。12両編成では6基、16両編成では8基のパンタグラフが等間隔に並び、これが高速で通過すると架線に大きな振動を与えます。また、架線とパンタグラフがわずかに離線して発生する集電音が大きく、それがパンタグラフの数だけ発生するため、集電性能を保ちつつ数を減らす必要に迫られてきました。

世界で2番目に高速列車を走らせたのはフランスでした。１９８１年に開業したＴＧＶは動力集中方式、両先頭だけが動力車でパンタグラフは2基、そして2基は屋根上に引き通された高圧母線でつながっていたのです。複数のパンタグラフを電気的につなげば、離線の確率はそれだけ低下します。当時の国鉄はこれに目を付け、東北・上越新幹線の２００系でパンタグラフを高圧母線でつなぎ、一部のパンタグラフを降ろして数の削減効果を確認しました。

パンタグラフの数を削減したかったのは騒音問題が顕在化した東海道新幹線でしたが、44項で説明したＢＴ饋電がネックとなり採用できませんでした。すなわち前後のパンタグラフを高圧母線で引き通すと、ブースターセクションを一定時間短絡することになるからです。現在は全ての新幹線がＡＴ饋電となり、高圧母線はどの車両にも採用されています。日本とフランスは高速列車の開発においてお互いを意識しながら切磋琢磨してきた関係にもあります。

**要点BOX**

- 多数のパンタグラフで始まった新幹線
- 高圧母線を引き通してパンタグラフ数を削減
- BT饋電からAT饋電への変更

## 200系に追加した高圧母線

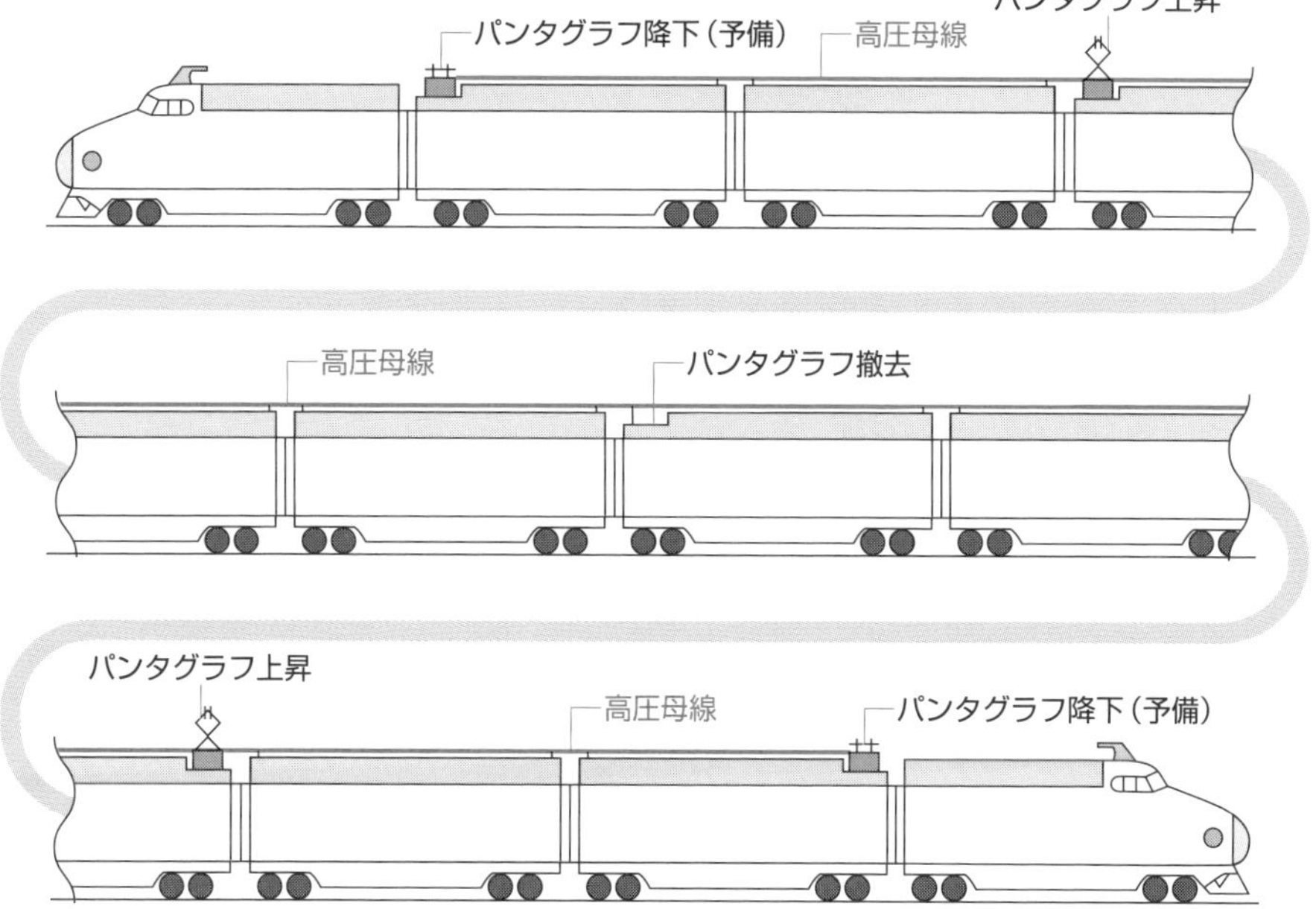

（1989年、パリ・リヨン駅）

両先頭動力車のパンタグラフを高圧母線でつないだフランスTGV

# 47 パンタグラフの騒音対策

## 高速走行特有の集電音と空力音

パンタグラフから発生する騒音には、離線により発生する集電音、風を切ることで発生する空力音、そして摺動音があり、高速走行で問題となるのは前二者です。集電音の対策としては、前項で説明したパンタグラフの数の削減もそうですが、すり板の幅を拡大して架線の波状摩耗をなくしたり、すり板をばねで支えて追随性を改良したりしました。

そして空力音は、パンタグラフ本体とそれを支える碍子《がいし》に走行風が当たって発生します。対策としては数の削減のほか、パンタグラフカバーを設けて走行風が直接当たらないようにしたり、側壁だけで遮音効果も狙ったものもあります。カバーの効果は顕著でしたが、高速化のため車体断面が小さく（屋根が低く）なるとカバーが大型化し、カバーの空力音やトンネル走行時にカバーが車体を揺らすようになり、パンタグラフや碍子の形状を改良してパンタグラフカバーを省略したものが増えてきました。

新幹線のパンタグラフは小型の下枠交差形からスタートしましたが、現在では空力音対策が施しやすいシングルアーム形になり、碍子も含めて走行風が当たっても空力音が発生しにくい構造になっています。1996年に登場した山陽新幹線の500系には、直立した支柱が伸縮する構造で空力音が発生しにくい翼形集電装置が採用されましたが、現在ではシングルアーム形に換装されています。

東北新幹線のE5系（H5系）とE6系（秋田新幹線）は、最高時速320㎞で走行するために、編成中に2基あるパンタグラフのうち、走行風の流れが安定する後方の1基だけを使って走行しています。すり板を多分割式にして追随性を改良して1基でも足りる集電性能を確保しています。東京駅など終着駅で停車中に見ていると、まず到着前方のパンタグラフを上げ、次に出発前方のパンタグラフを降ろすところを見ることができます。

**要点BOX**

- ●追随性を改良して集電音を低減
- ●パンタグラフカバーで空力音対策
- ●空力音が発生しにくいパンタグラフ

## パンタグラフカバー各種

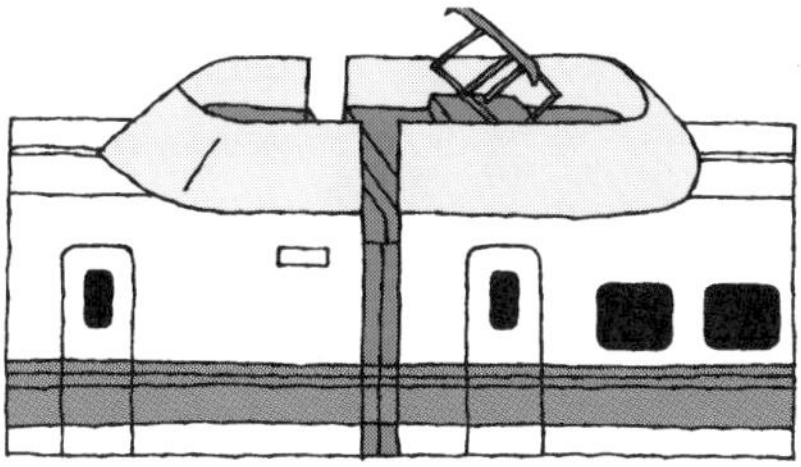

300系

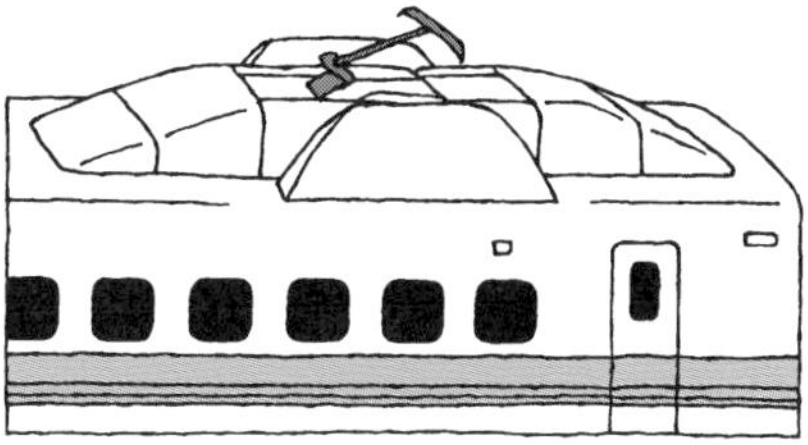

700系

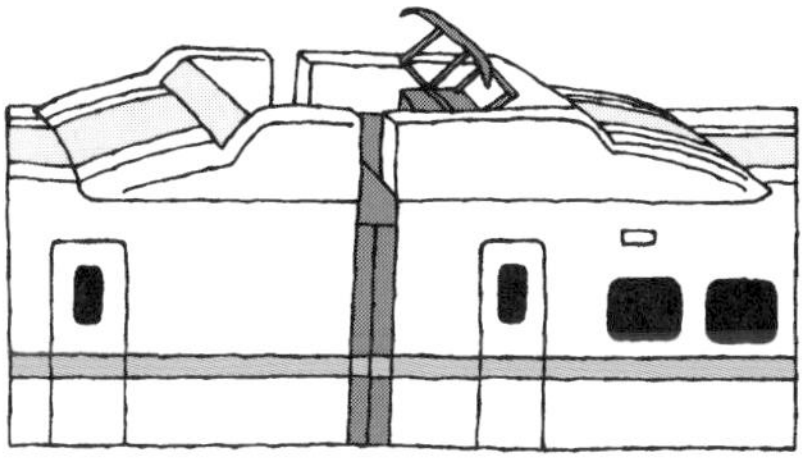

E2系（初期車）

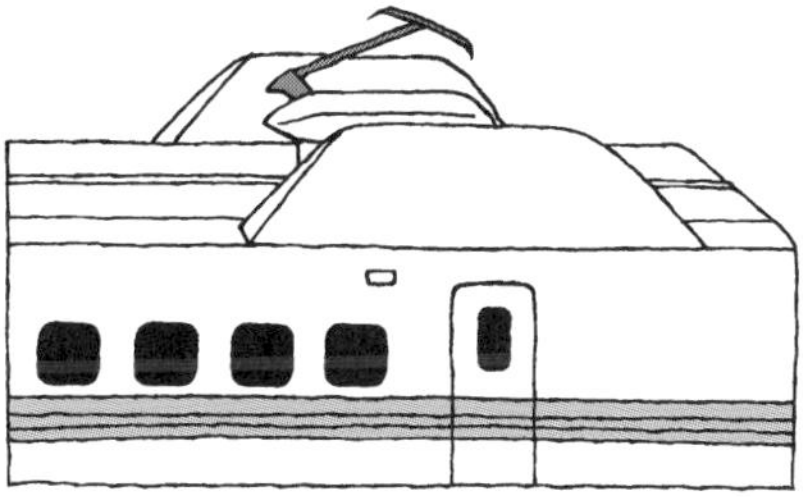

E7系

（2010年、米原〜京都）　撮影：岡村良一

翼形集電装置を採用した山陽新幹線500系
（現在はシングルアーム形に換装）

# 48 一瞬電気が停まるセクション通過

## 位相が異なる交流への対応



交流電化の場合、43項で説明したように変電所を境にして位相が異なり、別の変電所から供給される交流も位相が異なります。架線の電気的な境目がセクションですが、異相セクションはパンタグラフが通過しても短絡しないよう、電気的に縁を切っておく必要があります。在来線の場合は双方の架線の間に長さ数mの絶縁物を挟んだデッドセクションを設け、列車は運転士の操作により惰行（モーターに電気が流れていない状態）で通過します。

新幹線の場合は高速走行を維持するため、ほぼ常時モーターに電気を流しており、在来線と同じ方法だと編成全体がデッドセクションを通過するまで惰行が必要で、速度が低下してしまいます。そこで、左のページに示すような地上切替セクションを設け、約1kmある切替セクションに編成全体が入ったことを検知し、地上のスイッチ（真空遮断器）を動作させて電源を供給する側を切り替えます。切り替えに伴う無電圧時間は0・3秒です。

新幹線の車内で空調の風の音をよく聴いていると、音が一瞬途切れることがありますが、それが切替セクションで無電圧になった瞬間です。室内灯は瞬時消灯しないよう、最初の0系は電動発電機という回転機が慣性で回り続けることによって電圧を維持し、その後の車両は蓄電池でバックアップされた直流を電源としています。最近は座席に電源コンセントがある車両が増えたので、そのパイロットランプを見ていても無電圧の瞬間がわかります。

第6章で地震発生の際は送電を止め、列車は停電を検知して自動的に非常ブレーキをかけると説明しました。しかし異相セクションでの0・3秒の無電圧は無視することが必要で、0・5秒以上の無電圧を停電として検知しています。また回生ブレーキ中も停電検知できるよう、回生電力の周波数は本来の周波数よりわずかに低くしてあります。

**要点BOX**

- ●在来線のデッドセクション
- ●新幹線の地上切替セクション
- ●無電圧時間は0.3秒

## 在来線の異相セクション

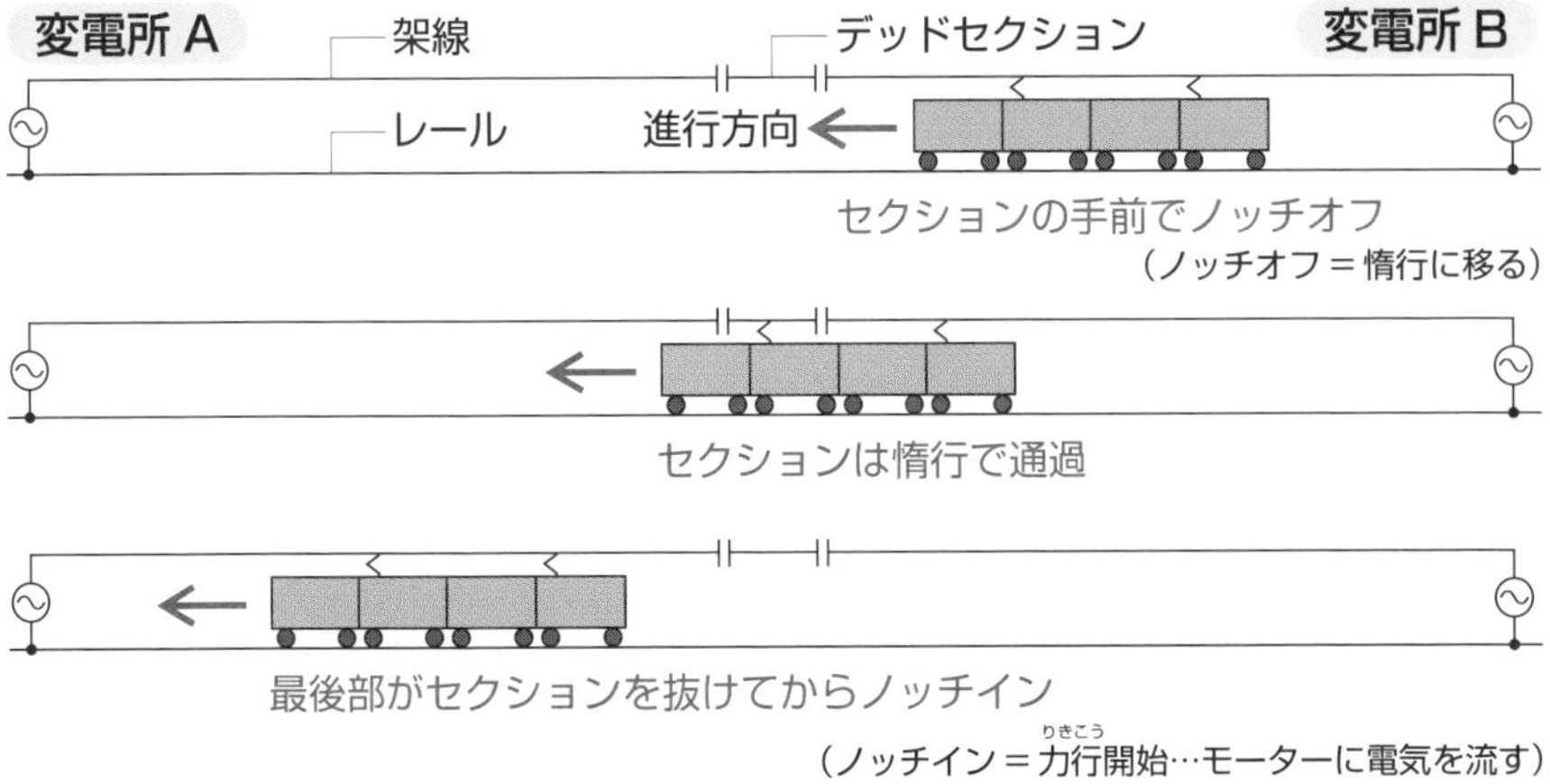


## 新幹線の地上切替セクション

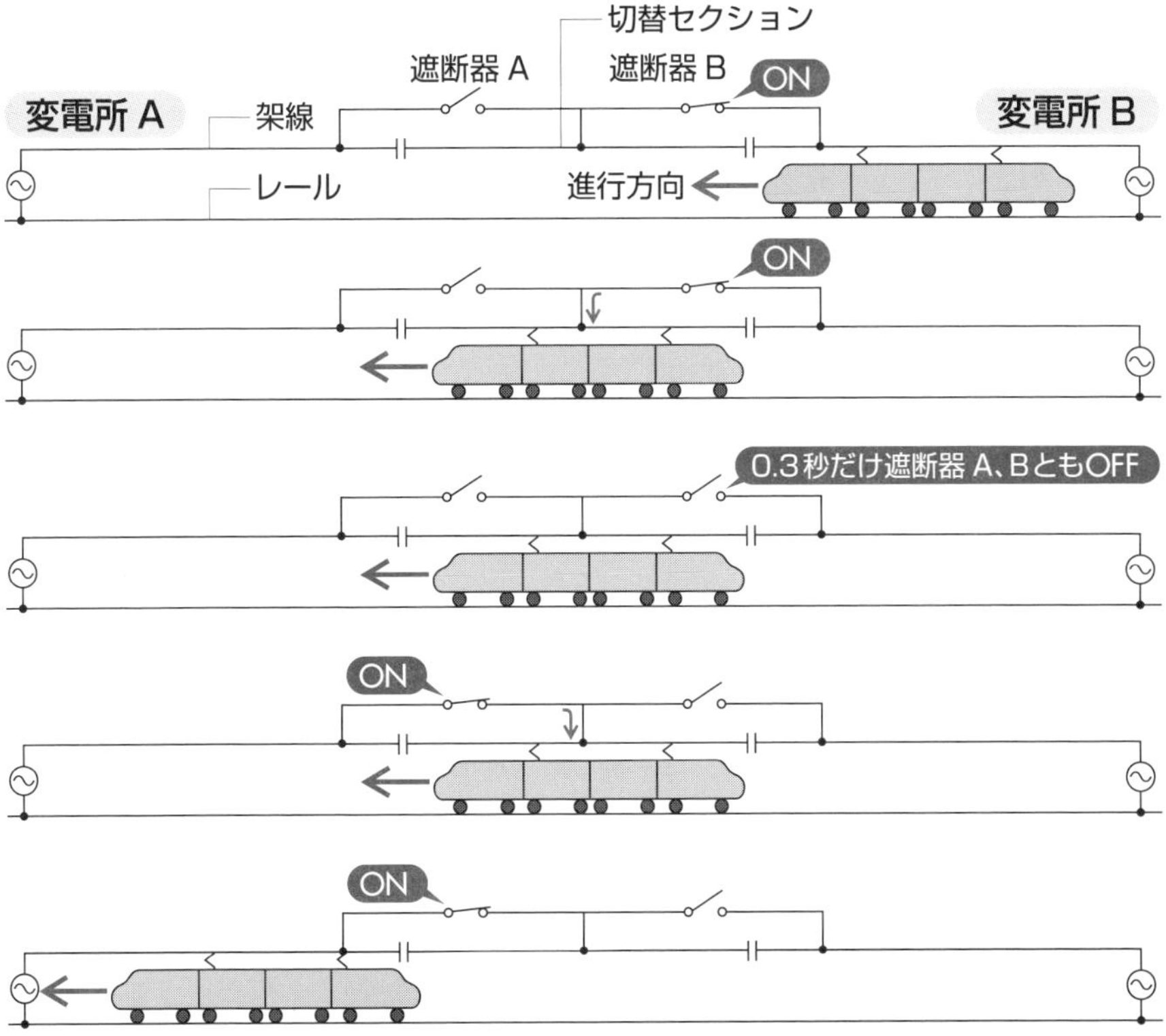

# 49 周波数が3回変わる北陸新幹線

## 明治時代に異なる発電機を輸入した宿命



日本で使われている交流の周波数は、富士川《ふじかわ》と糸《いと》魚川《いがわ》をほぼ境にして、東側は50 Hzで西側は60 Hzです。長野県と新潟県には両者が混在している地域があります。なぜこうなってしまったのか、それは明治時代に発電機を輸入した時、東日本は50 Hzのドイツから、西日本は60 Hzのアメリカから輸入したからです。電気が生活や産業に行き渡り、今さら変更するわけにはいかないので、日本はこの宿命を背負って発展を続けなければなりませんでした。

ちなみに、日本周辺地域の周波数は、中国大陸やロシアが50 Hz、朝鮮半島や台湾が60 Hzです。

新幹線の交流電化は、東北・上越・北海道新幹線が50 Hz、東海道・山陽・九州新幹線が60 Hz（富士川以東の変電所では周波数変換）となっています。問題は周波数の境界線を縫うように走る北陸新幹線、下り列車が高崎を発車した時は50 Hzですが、軽井沢を過ぎると60 Hzに変わります。そして上越妙高《じょうえつみょうこう》を過ぎると50 Hz、糸魚川を過ぎると60 Hz、合計3回も周波数が変わります。北陸新幹線には異周波数切替セクション（基本的には異相切替セクションと同様）が3カ所存在します。

高崎～長野間が開通した時のE2系、現在のE7系（W7系）は50 Hz・60 Hzどちらの周波数にも対応できるよう設計されています。座席の電源コンセントをよく見ると、東北・北海道新幹線のE5系（H5系）は主変圧器の三次巻線を電源としているのでAC100V・50 Hzと表示されていますが、北陸新幹線のE7系（W7系）は補助電源装置を介しているので、架線の周波数に関わりなく周波数は一定で、AC100V・60 Hzと表示されています。

この第7章も目に見えない電気の話が中心だったので、難しかったかもしれません。第8章は高速走行を支える信号システムの話ですので、新幹線の運転士になったつもりで読んでください。

**要点BOX**

- ●ドイツ流の50Hzとアメリカ流の60Hz
- ●富士川と糸魚川が周波数の境界線
- ●北陸新幹線車内の電源コンセントは60Hz

## 日本の周波数

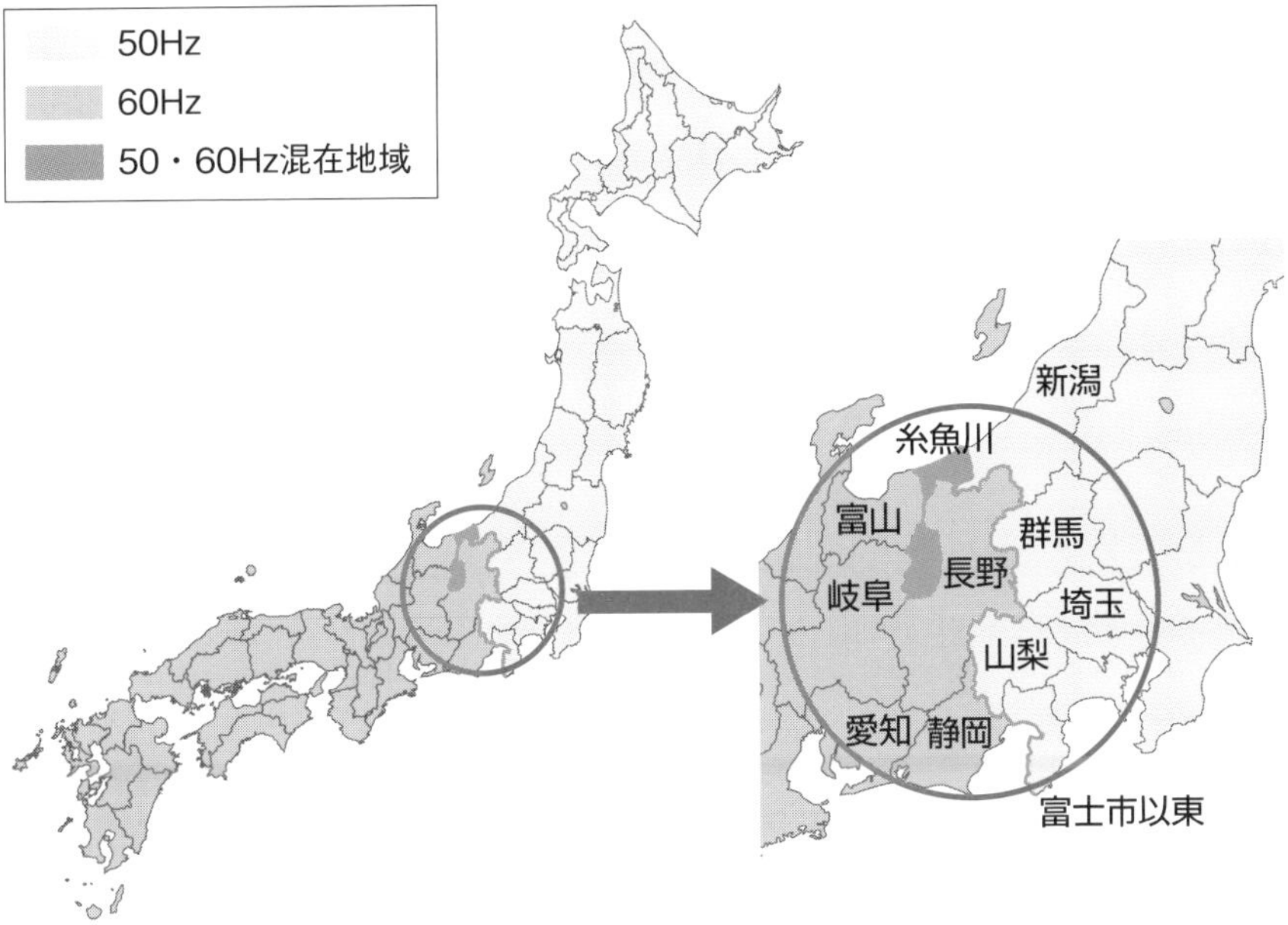


## 北陸新幹線の周波数

| 駅区間 | 金沢 | 黒部宇奈月温泉 | 糸魚川 | 上越妙高 | 佐久平 | 軽井沢 | 高崎 | 東京 |
|---|---|---|---|---|---|---|---|---|
| 周波数 | 60Hz | | 50Hz | 60Hz | | 50Hz | | |
| 電力会社 | 北陸電力 | | 東北電力 | 中部電力 | | 東京電力 | | |

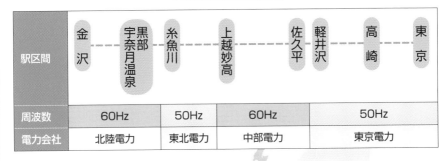

# ドクターイエローとイースト・アイ

　新幹線の電気軌道総合試験車は、黄色い塗装から「ドクターイエロー」と呼ばれ、偶然出会うと幸せになるという伝説が生まれ、名前は一般にも浸透してきました。ちなみに中国高速鉄道の試験車も黄色で「黄医生」（＝Dr.Yellow）と呼ばれています。

　電気軌道総合試験車は、営業列車と同等の速度で走行しながら電気（信号・通信・電力）や軌道などの状態を検測し、測定されたデータは故障の防止や保守作業の支援に活かされています。検測は昼間、営業列車が走る時間帯に行い、約10日ごとに実施、また約2カ月ごとに待避線を含めて実施します。東海道新幹線の開業当初から、検測技術の進歩とともに何回か代替わりし、現在の923形は700系をベースにした試験車で7両編成、東海道・山陽新幹線を通して検測しています。九州新幹線は専用の試験車は持たず、営業用の800系に機器を搭載して検測します。

　「ドクターイエロー」923形の各号車には、概略で次のような設備があり検測を行います。

・1号車：運転台、信号・通信関係測定台、電力関係測定台
・2号車：検測用機器室、パンタグラフ（集電用・検測用）
・3号車：屋根上観測ドーム、データ整理室、バッテリ室、トイレ
・4号車（付随車）：軌道関係測定台、データ整理室、検測用台車
・5号車：屋根上観測ドーム、休憩室、トイレ
・6号車：会議室、資材搭載室、パンタグラフ（集電用・検測用）
・7号車　運転台、添乗員室

　東北・上越・北陸・北海道の各新幹線、そして山形・秋田のミニ新幹線は「イースト・アイ」と呼ばれる電気軌道総合試験車E926形により検測します。こちらは黄色ではなく、白地に赤の塗装で6両編成です。走行する路線は多岐にわたるため、E3系をベースにして車体幅が狭く、電源周波数は50Hz／60Hzに対応しています。

▲700系ベースのドクターイエロー923形（2008年、岡山～相生《あいおい》）　撮影:岡村良一

第 8 章

# 衝突を回避する技術

# 50 人間の注意力は時速160kmが限界

## ATC自動列車制御装置の採用

赤・黄・緑の色灯式信号機を用いるのは鉄道も道路交通も同じですが、鉄道信号の最大の目的は先行する列車に衝突しないことです。鉄道車両は停まるまでのブレーキ距離が長く、自ら舵取りすることもできないからです。これまでの鉄道信号は、線路を区切った1つの区間（閉塞《へいそく》区間といいます）に1本の列車しか入れないことが基本で、列車がいる閉塞区間の手前の信号は赤、その1つ手前は黄色、それより手前は緑を表示します。

5項で述べたように、運転士が地上の色灯式信号を確認して安全に運転できるのは時速160kmが限界といわれています。高速だと見落とすことも心配ですが、ブレーキをかけ始めてから停止するまで数km走ってしまうので、赤・黄・緑の3段階よりもっと細かく表示する必要があります。そこで東海道新幹線開業時は、運転台のパネルに許容速度を表示する車内信号システムが採用されました。

このシステムはATC（自動列車制御装置）と呼ばれ許容速度を表示するだけではなく、速度が超過した場合は自動的に減速させる機能を持っています。信号を誤認したり無視した場合はもちろん、前方にある曲線における速度制限や、工事などによる臨時速度制限もATCに盛り込み、仮に運転士が失念していてもその手前で確実に減速させるシステムとなっています。

人間は見落としたり忘れたりするものです。速度が低い路面電車などでは、前方に何かを発見してからブレーキをかけても間に合いますが、新幹線のような高速列車では危険を察知してからのブレーキでは間に合いません。開業当初からATCを導入したことで、新幹線の半世紀以上にわたる歴史上、追突事故は1件も発生していません。現在のATCは、開業当初と比較するとはるかに進化したシステムですので、次項からはその改良の歩みを説明していきます。

**要点BOX**

- ●色灯式信号ではなく車内信号を採用
- ●車内信号に許容速度を表示
- ●速度超過の場合は自動的にブレーキ

## 閉塞区間と信号機

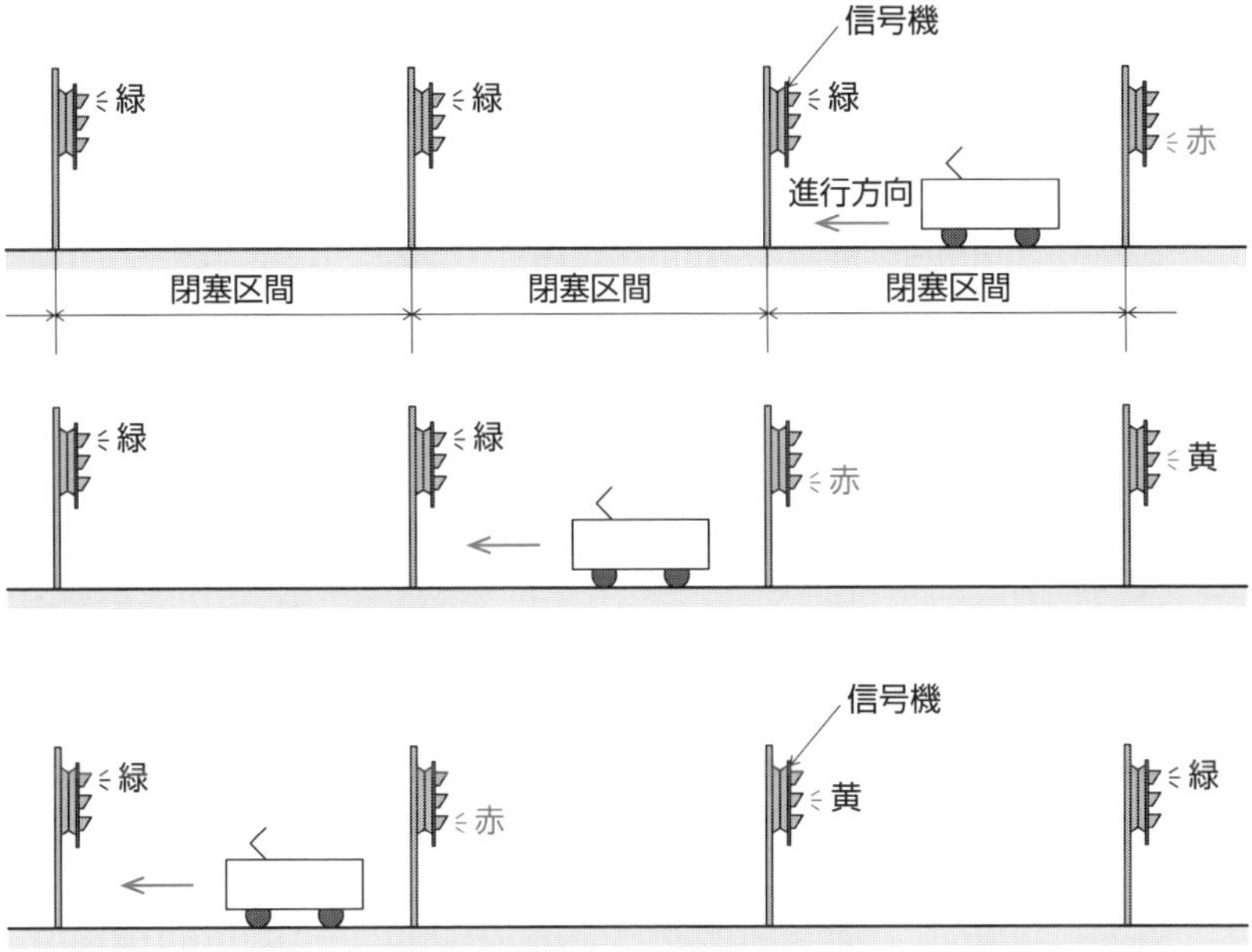




## 色灯式信号と車内信号

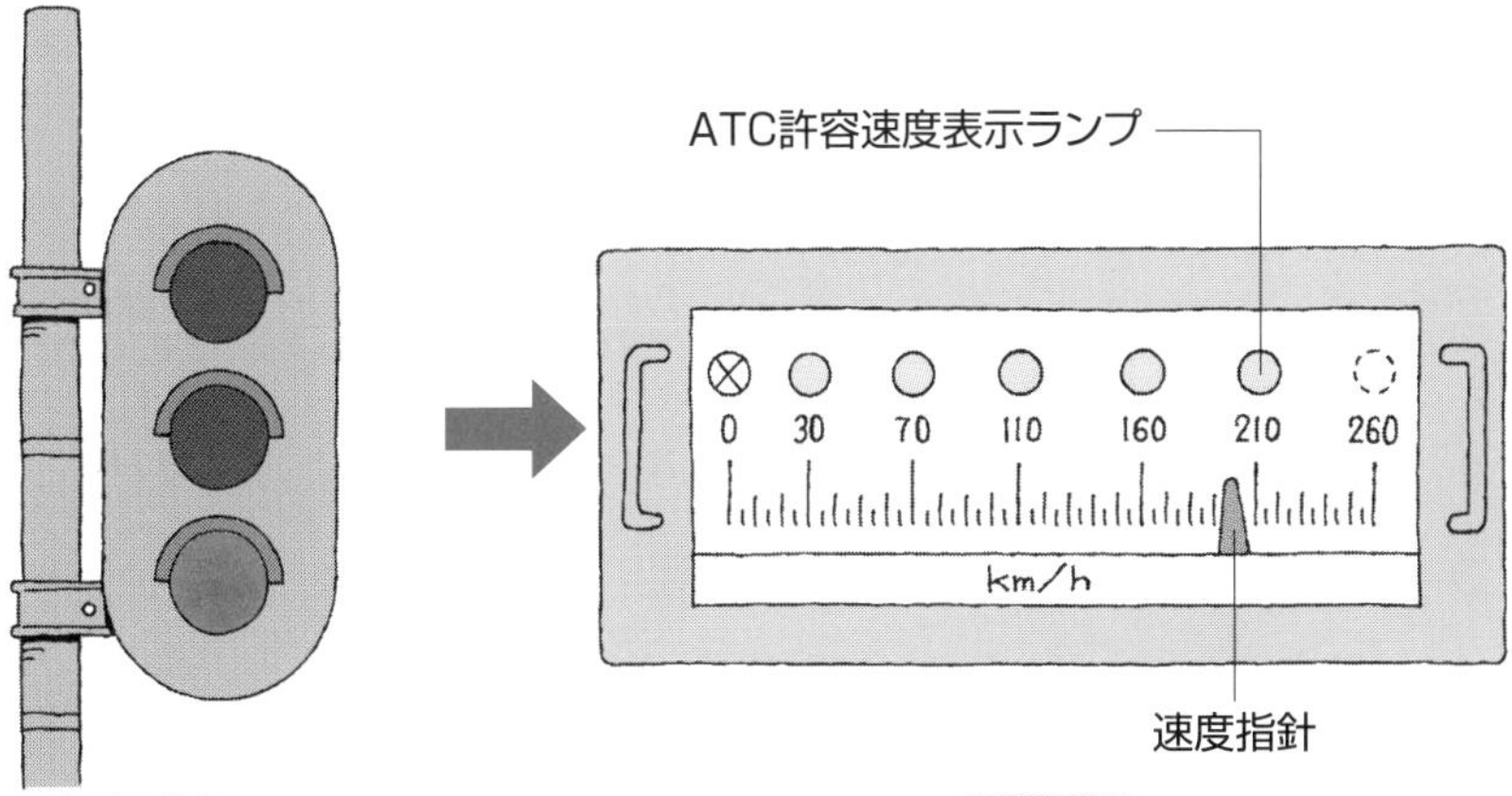


色灯式信号

車内信号

# 51 多段ブレーキ制御のアナログATC

## 1つの列車しか入れない閉塞区間



最初に導入されたATCは、従来の信号システムと同じ閉塞区間という考え方です。在来線では信号機の黄色が見えたら減速し、そこから先の閉塞区間には時速45km以下で入る決まりです。新幹線では次の閉塞区間の許容速度を表示し、超過していたら許容速度まで自動的にブレーキをかけます。許容速度は時速２１０、１６０、１１０、70、30kmの段階があり、停止信号はまた別に設けられています。

新幹線の閉塞区間の長さは2〜３kmで、その区間のレールには地上装置から信号電流が送られ、列車先頭で検知して車上装置で許容速度を読み取ります。レールには車両を動かす周波数50Hzまたは60Hzの大電流が流れていますから、その影響を受けないよう１０００Hz前後の高い搬送周波数を使い、搬送波の有無で「山の部分」「谷の部分」を作り変調波として信号を伝えます。閉塞区間の境目はレールを絶縁し、インピーダンスボンドというコイルで接続して信号電流が隣に漏れないようにしています。

許容速度は先行する列車の位置によって決まりますが、そのほかに曲線や分岐器（ポイント）による制限速度も含んでいます。曲線半径１３００〜２０００ｍは時速１６０km、曲線半径６００〜１２００ｍは時速１１０km、分岐器（駅に進入する部分の16番と呼ばれるもの）は時速70kmなどです。いずれも許容速度まで減速したらブレーキを緩めますので、この方式を多段ブレーキ制御と呼びます。

この方式は列車を確実に減速させることができますが、許容速度はブレーキ性能を最悪条件で設定しているため余裕距離が長すぎて運転時間が延びるほか、ブレーキをかけたり緩めたりを繰り返すので乗心地が悪化し、いろいろな意味で無駄が多い方式でした。そこで、目標とする速度まで途中で緩めることなくブレーキをかける一段ブレーキ制御とすることが求められるようになりました。

**要点BOX**

- ●許容速度を段階的に表示
- ●レールに流れる信号電流を検知
- ●ブレーキをかけたり緩めたりの繰り返し

## 多段ブレーキ制御

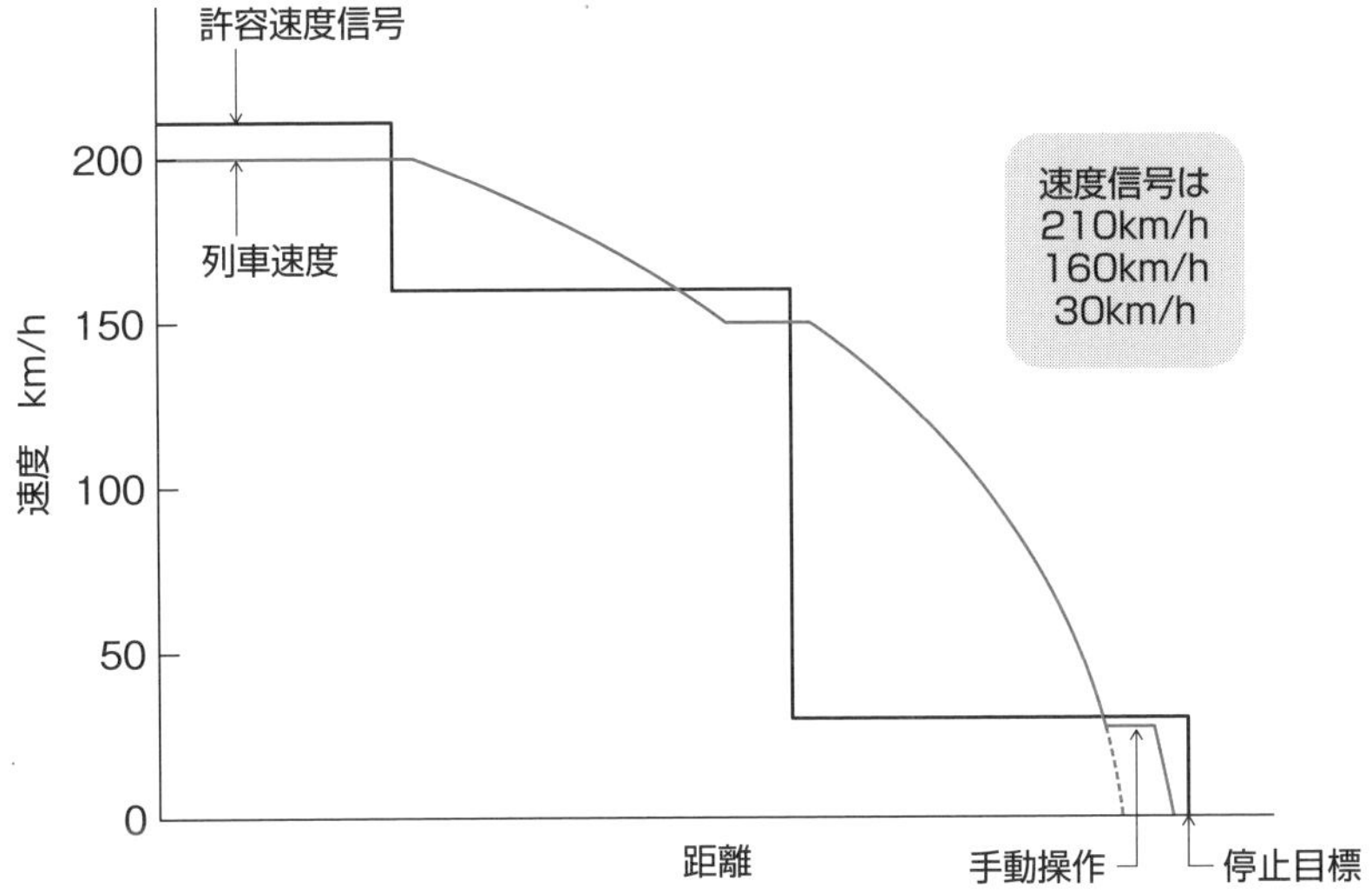


200km/hからブレーキ操作しなかった時の速度の変化

## アナログ変調

AM波(振幅変調波)の波形

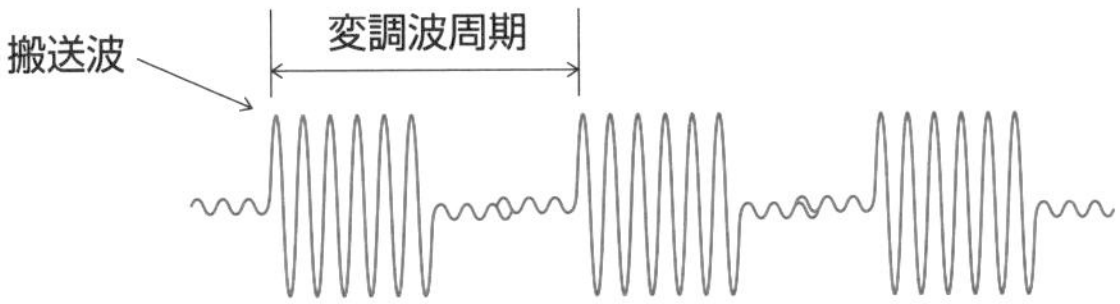


アナログ変調は送信できる情報が限られているため
許容速度の情報のみを運転台に送る

# 52 一段ブレーキ制御のデジタルATC

## ブレーキ力は車両側で算出

前項で説明したATCは、アナログ変調（搬送波の有無により任意の周波数を作成）により、地上から車上に許容速度信号を送信していました。デジタル技術の進歩に伴い、0と1を表わす2つの周波数の搬送波を繋ぎ合わせるデジタル変調により、0と1の数の並びに意味を持たせて、より多くの情報を送信できるようになりました。

東北・北海道・上越・北陸新幹線と、東海道・山陽・九州新幹線では方法が若干異なりますが、地上装置から車上装置に送信される情報には、先行列車の位置やそこに至るまでの線路情報などであって、許容速度を送信するわけではありません。一方車上装置では、速度発電機から得られる移動距離情報を数km おきに設けたトランスポンダ（地上子・車上子間で情報伝送する装置）の位置情報で補正し、時々刻々変化する列車の位置を正確に把握します。

車上装置は、データベースから速度照査パターンを検索し（または速度照査パターンを随時算出し）、地上装置からの情報、列車位置、速度照査パターンからその時点での許容速度を算出するとともに、最適なブレーキ力を算出して一段ブレーキ制御でなめらかに減速します。駅に停車するために減速する時は分岐器制限速度までATCで減速してブレーキを緩め、あとは運転士の操作に委ねますので二段ブレーキになりますが、基本的には一段ブレーキ制御のシステムを実現することができました。

これにより、多段ブレーキによる乗心地の悪化やいろいろな無駄を解消することができました。また許容速度やブレーキ力の算出を車両側で行うため、ブレーキ性能が劣る車両にシステムを合わせる必要がなくなり、車両が代替わりするたびに地上側を改修する必要もなくなりました。なお、山形新幹線（奥羽本線）・秋田新幹線（田沢湖線・奥羽本線）内では、在来線の信号システムを使っています。

**要点BOX**

- ●地上から先行列車の位置や線路情報を送信
- ●車両では現在の位置情報を正確に把握
- ●速度照査パターンによりブレーキ力を算出

## 一段ブレーキ制御

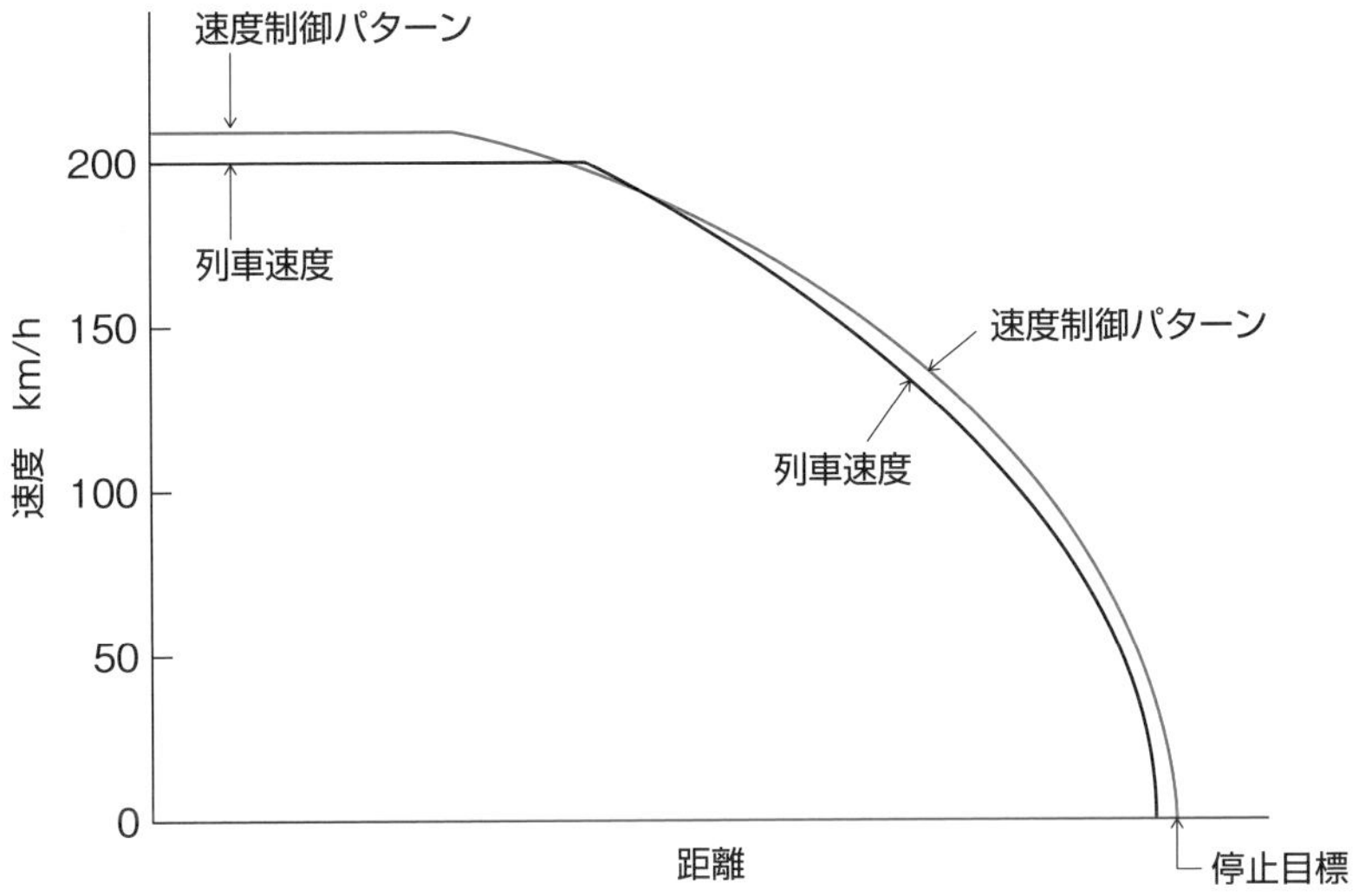


200km/hからブレーキ操作しなかった時の速度変化

## デジタル変調

MSK波(周波数変調波)の波形

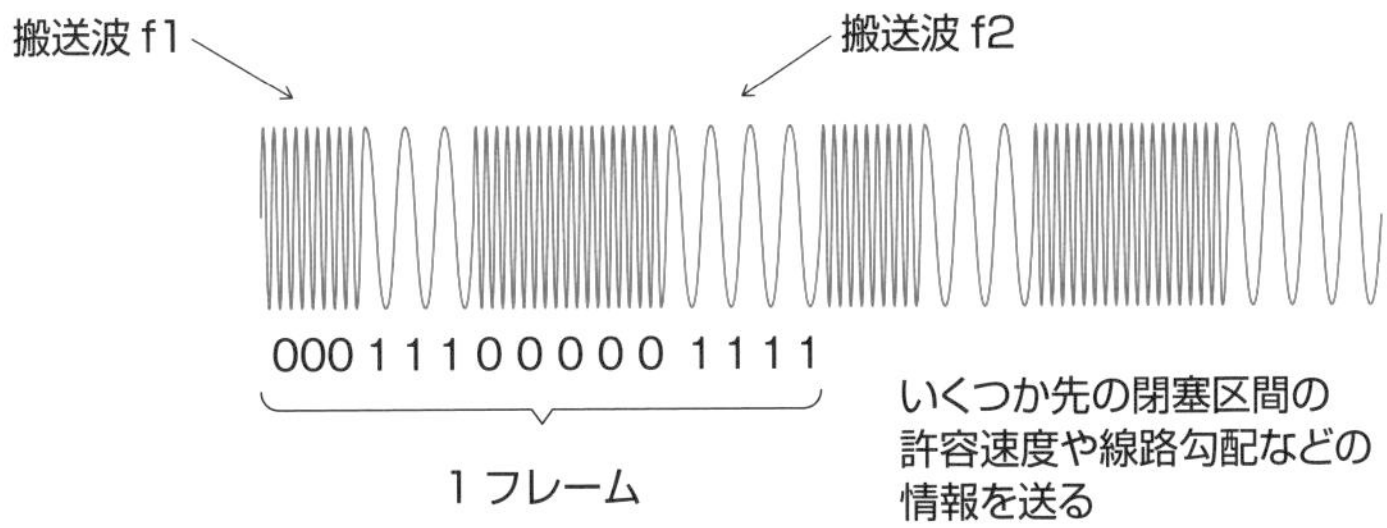

# 53 自動と手動の役割分担

新幹線の自動運転は技術的に可能

新幹線の運転は自動で行われていると思っている方が少なくないと思います。たしかに前項で説明したように、高速から駅の手前までの減速はATCの速度制御パターンに委ねることもできます。しかし、駅を発車してから加速し、高速で走行している時は運転士が手動で制御しています。また駅に進入したあとのブレーキ操作は運転士に委ねられ、最も難しい停止目標に衝動なく停めるブレーキ操作は、運転士の腕の見せどころです。

新幹線の自動運転や無人運転ができないかというと、技術的に不可能ではありません。日本国内では、運転士が乗務して自動運転を行っている鉄道は地下鉄を中心にたくさんありますし、ゴムタイヤ方式の新交通システムなどでは無人運転を行っているところがたくさんあります。いずれも踏切がなく、人が線路内に立ち入る可能性がほとんどない鉄道ですが、新幹線はその条件を満たしています。無人運転となるとホームドアの設置も条件になりますが、それも条件が整いつつあります。

これまでは、遅れて発車しても定時に次駅到着（通過）するとか、駅到着時に衝動なく定位置に停めるとか、手動の方がうまくいく部分があったことと、運転士の適度な緊張を保つ部分もあると思います。海外でも高速列車を自動運転している例はなく、欧州ではATC（ATCは和製英語）は自動列車停止装置ATP（同じ機能のATSは和製英語）が進化したものと見なされており、運転士は高速からのブレーキ操作もATPが動作しないよう手動で行っています。

現在建設中のリニア中央新幹線は浮上式鉄道で、推進装置が地上側にあるため運転操作は地上で行います。運転士が乗務するという概念がなく、必然的に無人運転になります。前方監視要員の要否に議論はあるかもしれませんが、時速500㎞は人間の注意力が及ぶ範囲ではないと思われます。

**要点BOX**

- ●高速からのブレーキ以外は手動
- ●日本と欧州で異なるATCの位置付け
- ●リニア中央新幹線は地上で運転操作

## 手動運転が基本

東海道新幹線最初の0系の運転台。ATCにバックアップされた手動運転

（2020年、新大阪）

東海道新幹線最新のN700S。ATCは格段に進歩したが手動運転が基本

# 54 新幹線の運行管理システム

## 運転指令所で一括管理するシステム

東海道新幹線開業以前の鉄道は、信号や転轍機《てんてつき》（ポイント）の操作は各駅で行っていましたが、それをCTC（列車集中制御装置）により一括して遠隔操作するシステムが、小規模ながら実用化されてきました。CTCを初めて本格的に採用したのが東海道新幹線で、運転指令所には全線の線路配置を示す巨大な表示盤があり、そこには全列車の位置、列車番号、信号表示、分岐器の開通方向などが表示され、全線の列車運行状況を把握することができます。

運転指令所の指令員はその表示盤を見て進路てこを扱い、手動で転轍機を操作していました。もちろん列車が分岐器上を通過したり接近している時は操作できないようロック機能がありましたが、指令員の注意力に頼る方式なので、列車本数の増加や列車種別の多様化には限界がありました。そこでコンピュータが自動的に転轍機を操作するPRC（自動進路制御装置）をCTCに組み込みました。

このシステムをCOMTRAC（コムトラック）と名付け、山陽新幹線岡山開業の時から本格的に運用を開始しました。その後はコンピュータ技術の進歩に伴い、ダイヤが乱れた時の運転整理機能、ダイヤ管理機能、車両運用管理機能、電源設備管理機能、旅客案内機能などが追加され、高度なシステムへと進化を続けています。駅のホームに表示される情報も、このシステムから送信されています。

運行管理システムは各新幹線により機能は若干異なり、それぞれ命名されています。国鉄時代からのCOMTRACを名乗っているのは東海道・山陽新幹線、それに直通する九州新幹線はSIRIUS（シリウス）という名前です。東北・上越・北陸新幹線はCOSMOS（コスモス）、それに直通する北海道新幹線はCYGNUS（シグナス）という名前です。このシステムを司る運転指令所はセキュリティー上重要なので、場所は一切公表されていません。

要点BOX
- ●基本となったCTC（列車集中制御装置）
- ●PRC（自動進路制御装置）による自動化
- ●各種機能追加によるシステムの進化

## 運行管理システム

運転指令所の表示盤には、時々刻々変わる列車の位置が列車番号で表示

（2020年、東京）

駅のホームに表示される情報も運行管理システムから送信

# 55 地上と車上をつなぐ列車無線

## 運転指令所と乗務員をつなぐホットライン

新幹線の運行管理には列車無線が欠かせません。東海道新幹線開業以前は、駅など鉄道施設に設けた鉄道電話が連絡手段で、列車無線はごく一部で使用されているだけでした。運転指令所は東海道新幹線全線をカバーしますが、東京弁と大阪弁で意思疎通がうまくいかず（当時は鉄道用語も違うことがありました）、運転指令所では運転士が東京・大阪どちらの所属かわかるようにして、無線電話に出る指令員を分けていたという逸話もあります。

東海道新幹線開業時の列車無線は空間波方式で、トンネル内にはアンテナの役目をする電線を張りました。LCX（漏洩同軸ケーブル）が開発されると、トンネル内の電線は損失が少なく汚れに強いLCXに置き換えられました。東北・上越新幹線開業時は、トンネルだけでなく全線でLCX方式を採用、東海道・山陽新幹線もLCX方式で更新されました。現在ではLCXデジタル方式になり、音声の効率的伝送、データ通信の高速化などが図られました。

新幹線の列車無線は、運転指令所と運転士との通話など業務用に設けられたものですが、車内公衆電話もこの列車無線システムを使っています。携帯電話が普及する以前は、乗客を電話口に呼び出すサービスも行われ、便利に利用されていました。また1985～2020年に東海道新幹線の車内に流れていたニューステロップも、この列車無線システムでデータを送っていました。これもスマートフォンが普及し、車内無料Wi－Fiが整備されたことにより廃止。これも時代の流れでしょう。

この第8章では、人間の注意力に頼らない安全確保のシステムと、人間の判断を支援するシステムについて述べました。次の第9章はいよいよ最終章、ここまでお付き合いいただきありがとうございます。最終章は、幸運を味方に付ける安全確保へのたゆまぬ努力について説明します。

要点BOX

●空間波方式からLCX方式へ
●車内公衆電話も列車無線を利用
●ニューステロップも列車無線を利用

## LCXの敷設

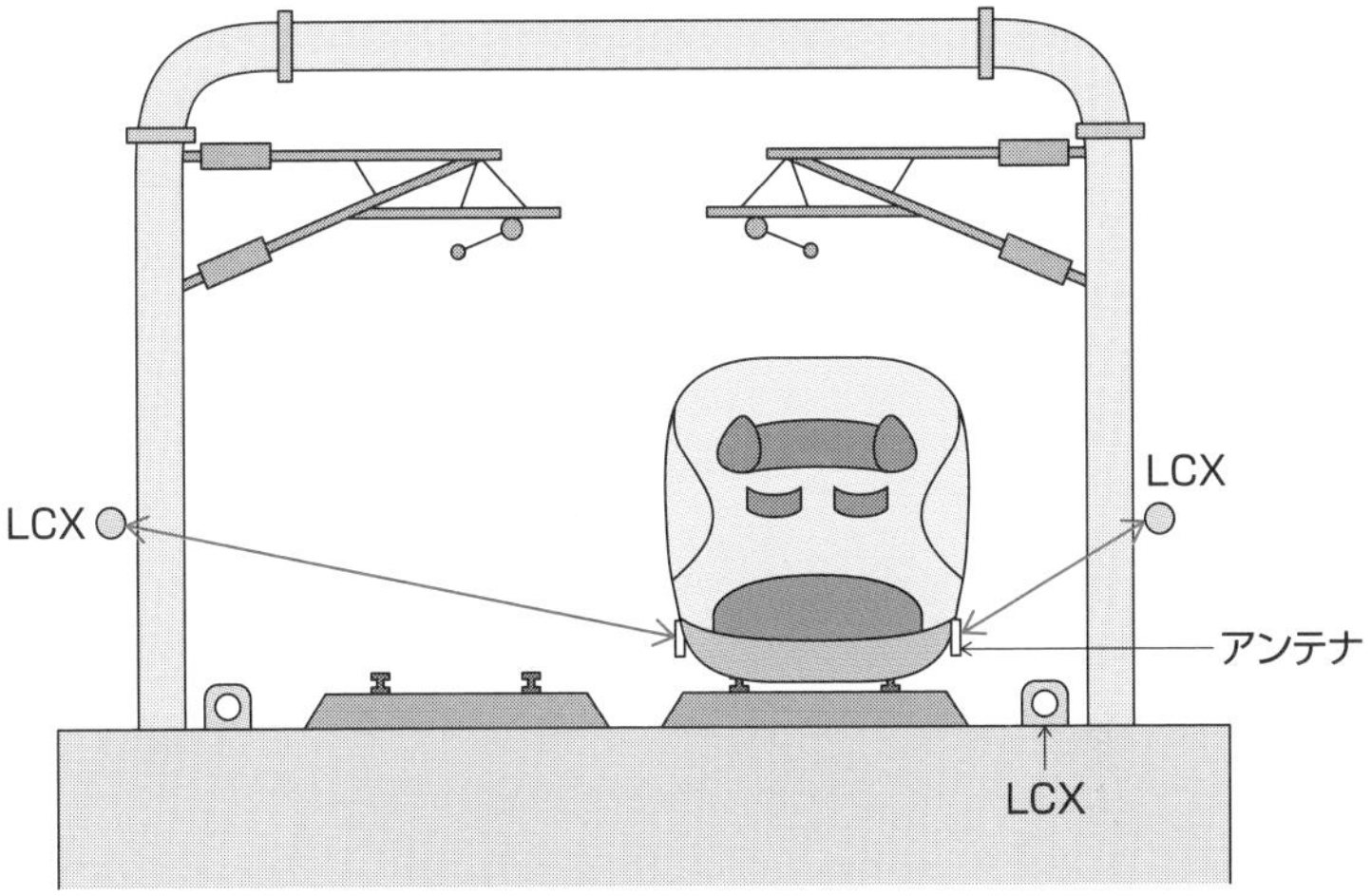


駅構内は誘電体トラフに収容

## LCXの構造

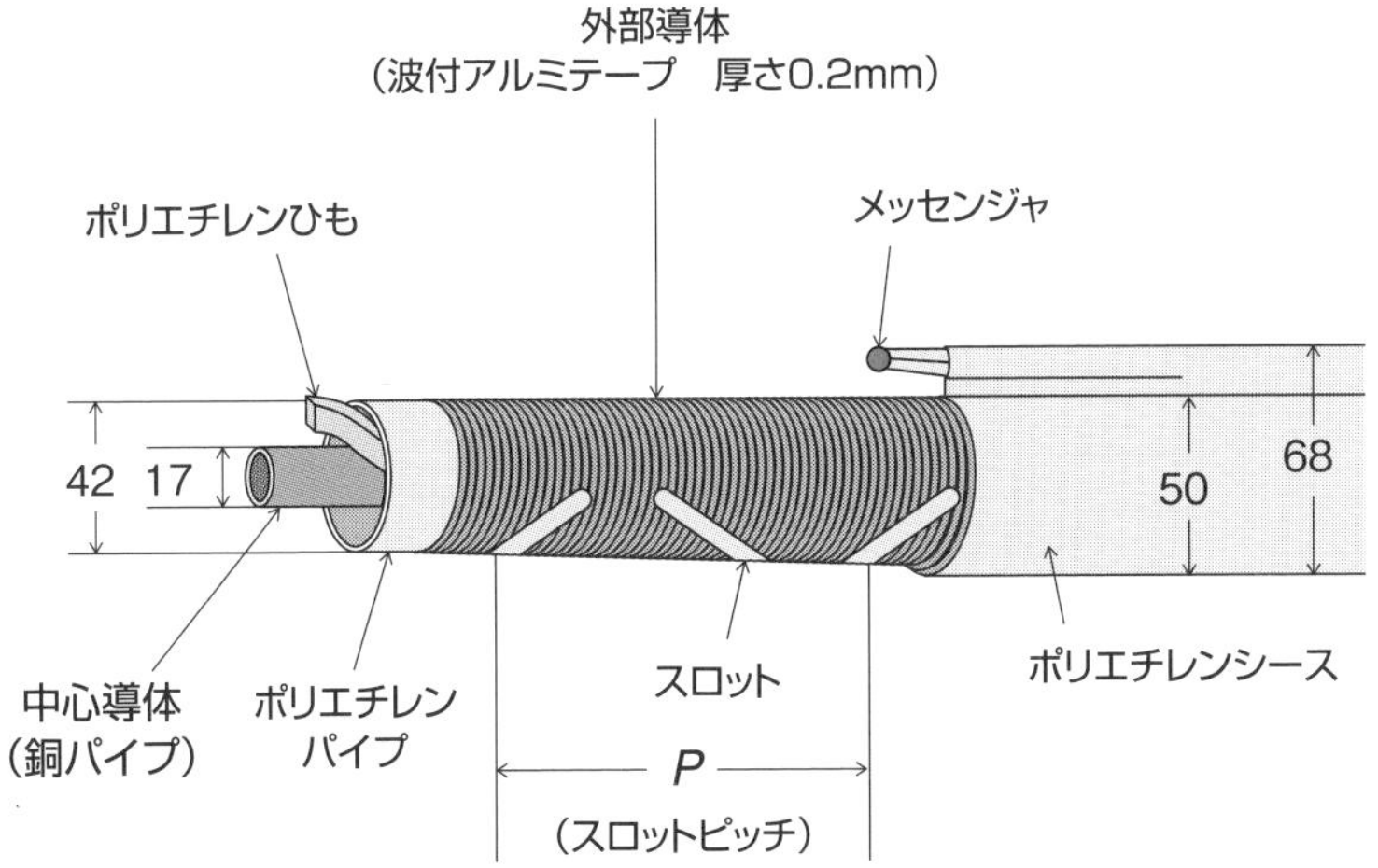

Column

# リニアモーターとは超電導リニアの原理

「大江戸線はリニアモーターカーです」と説明すると、「えっ!浮いて走るんですか?」と驚く方が少なくありません。鉄輪走行で浮きませんが、リニアモーター推進です。リニアモーターとは直線状のモーター、浮上とは直接関係ありません。浮上式鉄道はレールと接触しないので、リニアモーターで推進するしかないのです。

　浮上式鉄道では推進・浮上・案内(左右方向)に電磁力を用います。現在日本で営業中なのは愛知高速交通(リニモ、HSST)で、全ての電磁力を車上で制御します。中国の上海磁浮列車は、ドイツで開発したトランスラピッドで最高時速431㎞、浮上・案内は車上で、推進は地上で制御します。いずれも走行中・停車中とも浮上しますが、浮上高さは約1㎝です。

　リニア中央新幹線として開業を目指す超電導リニアは、特定の金属を非常に低い温度に冷却すると電気抵抗がゼロになる現象を利用したもので、国鉄は1960年代に研究に着手しました。1972年には鉄道技術研究所構内で実験、1977年からは宮崎実験線、1996年からは山梨実験線で走行実験を重ねてきました。

　原理を左の図で説明します。

　地上には推進コイルと浮上・案内コイルが、車上には超電導コイルがあります。推進コイルへの電気は地上で制御し、吸引・反発で推進します。超電導コイルを励磁した車両が通過すると、浮上・案内コイルに電気が誘導され、吸引・反発で浮上させたり左右動を復元させます。浮上高さは約10㎝ですが、停車中や低速走行中は浮上しないので車輪も併用します。

超電導リニアの原理

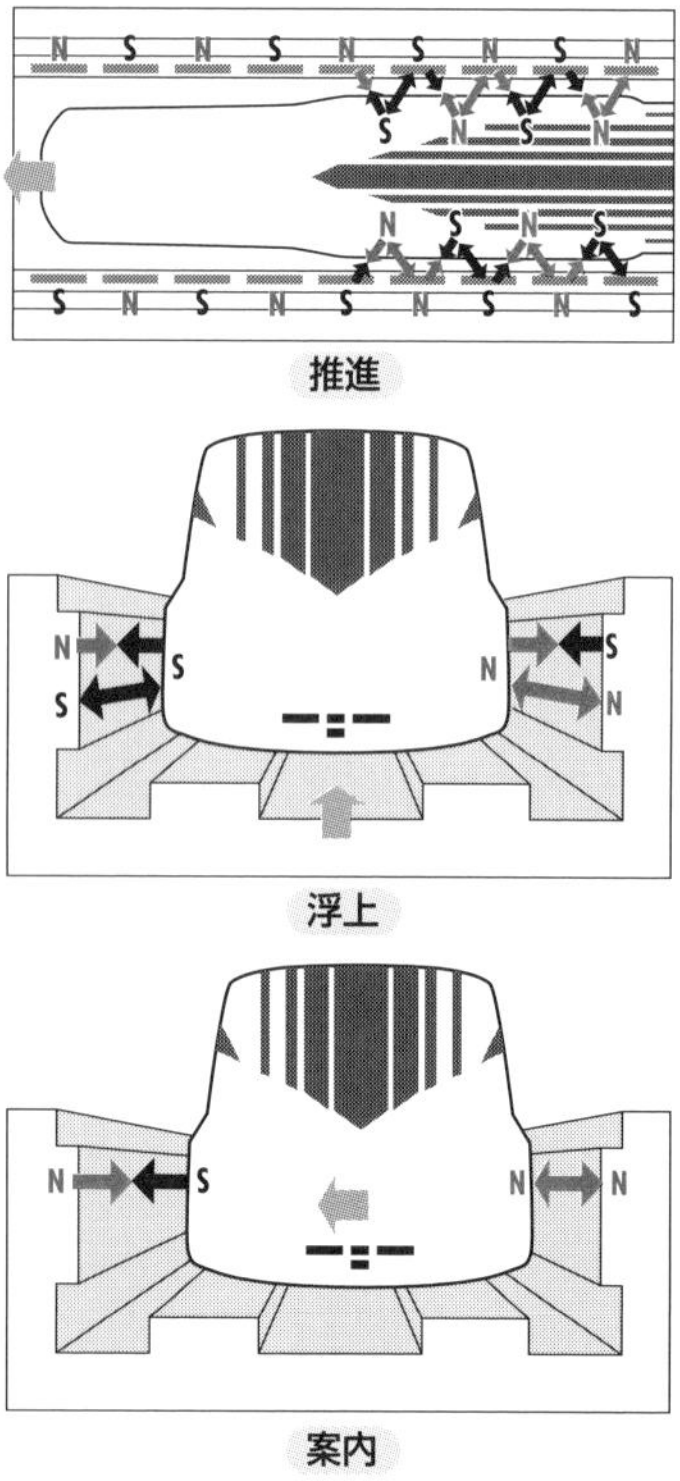

# 第9章

# 安全確保へのたゆまぬ努力

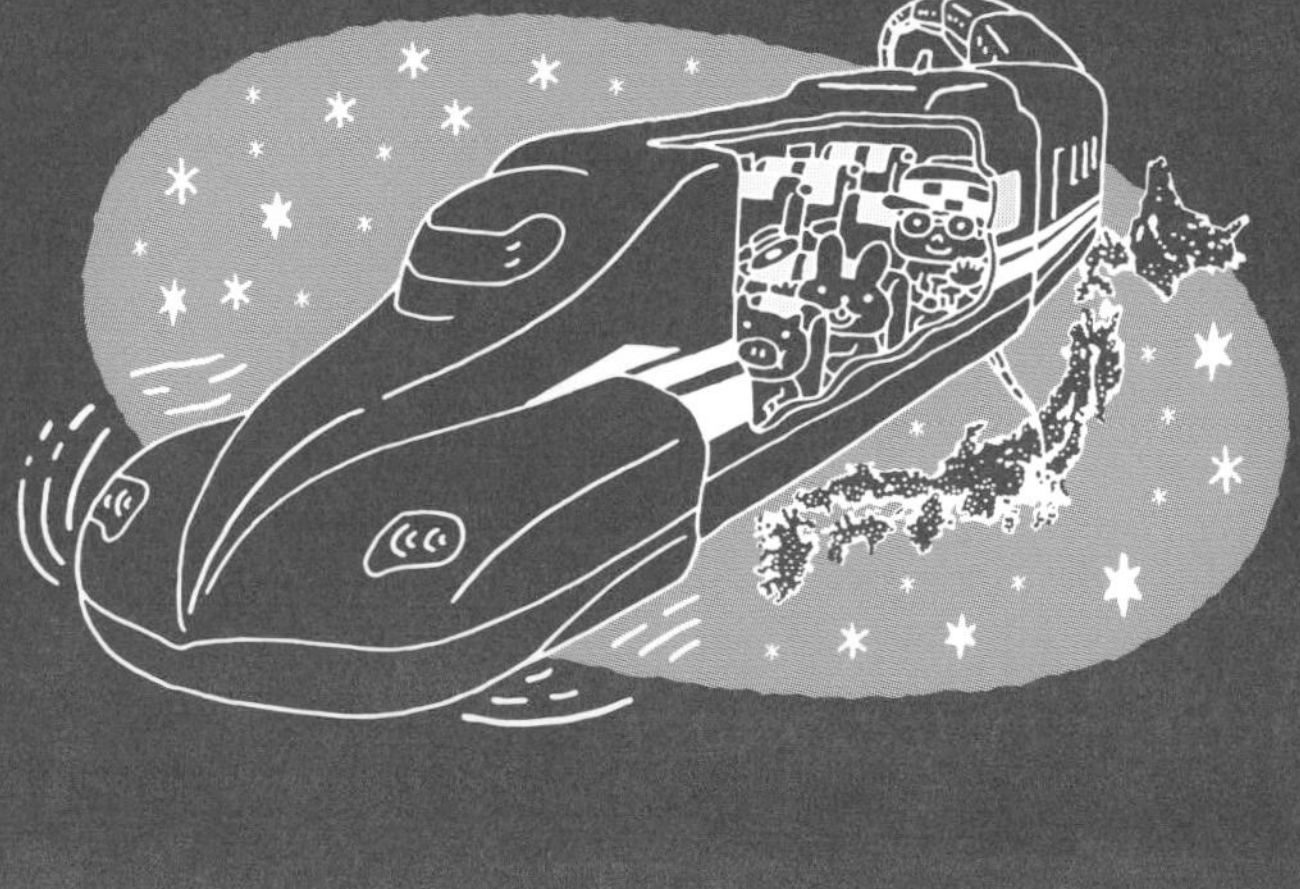

# 56 幸運を味方に付ける再発防止策

## 乗客の死亡事故が発生しなかった新幹線

新幹線の半世紀を超える歴史において、列車の運転そのものに起因する乗客の死亡事故は発生していません（乗客が車内で事件に巻き込まれたり、乗客に著しい過失があった場合を除きます）。新幹線が世界的に見ても極めて安全な乗物であることは事実ですが、それを「安全神話」と表現することは適切ではありません。第2章でいくつか説明したように、開業後の数年間には乗客が複数死亡する可能性がある大事故が発生しました。

それでも乗客の死亡事故に至らなかったのは、幸運だったという以外ない部分もありますが、何もせずに幸運が半世紀も続くはずがありません。そこには、事故や故障に対して真摯に向き合ってきた歴史があるのです。それらが発生した時は、小さな事柄でもないがしろにせず、徹底した再発防止策を講じてきたことが、事故や故障の発生確率を下げることにつながったのです。

労働災害の経験則に、ハインリッヒの法則があります。1件の重大事故の背後には29件の軽微な事故があり、さらにその背後には事故寸前の３００件の異常（ヒヤリとしたりハッとする危険な状況）があるというものです。経験則ですから数字の精度は別として、鉄道事故が発生した時にそれに至る状況を調べると、その傾向があることは昔から知られていました。新幹線では当初からこの考えを取り入れて、ヒヤリ・ハットの芽を摘んできました。

この最終章では、危険を回避する設計思想や、人間の誤りを減らす工夫、そして正常な状態を維持する取り組みについて紹介します。また、日本の国土で避けて通れない地震、発生を予知することが極めて難しい自然災害について、実際の被害を教訓に講じてきた対策についても説明します。安全確保へ向けての先人の叡智と努力、それを受け継ぐ安全への取り組みをご理解いただければ幸いです。

要点BOX

- ●事故の再発を防止する姿勢
- ●ハインリッヒの法則に基づいた安全対策
- ●100年に1度の大災害も想定

## ハインリッヒの法則

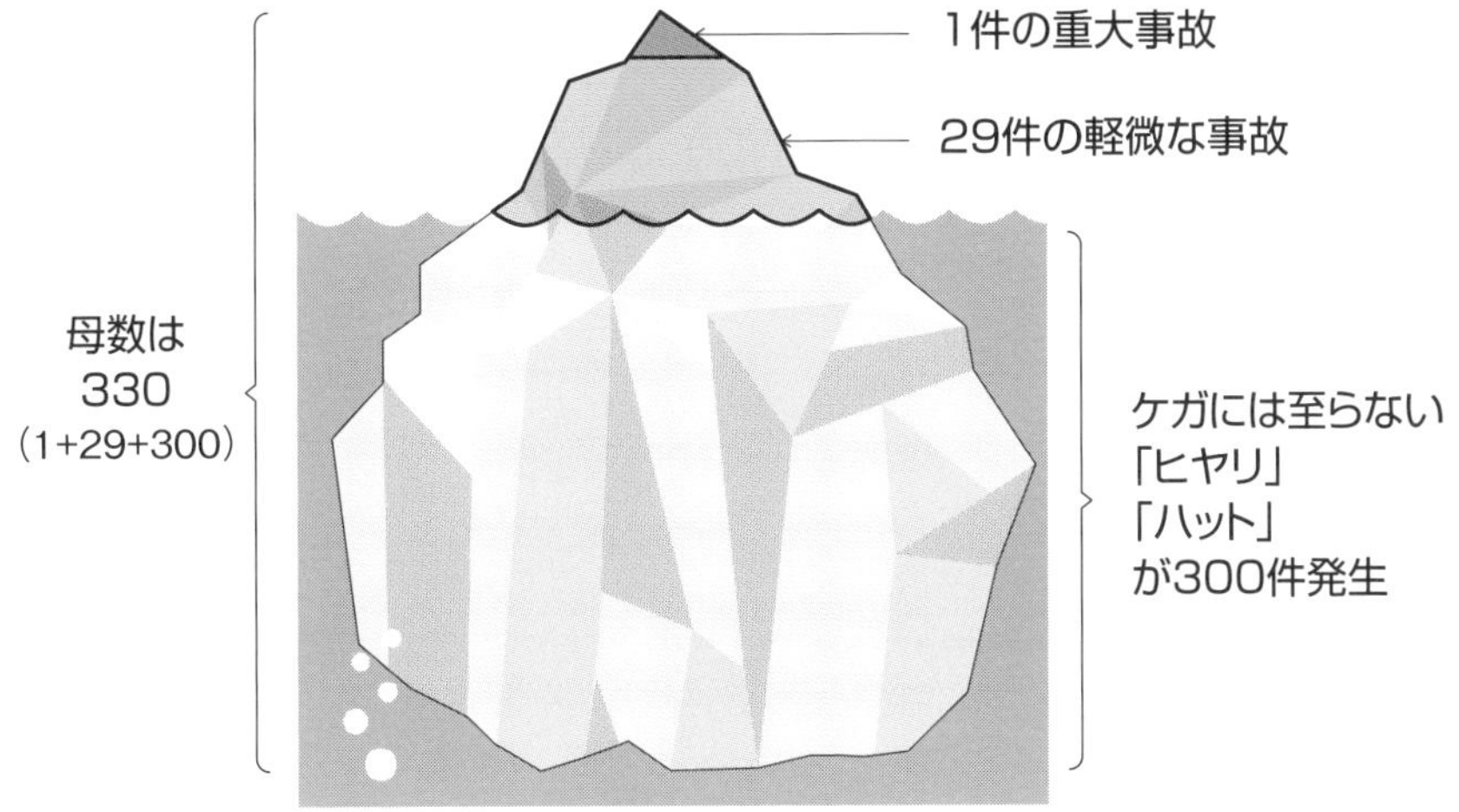


## 再発防止策

新潟県中越地震での脱線を教訓に取り付けた逸線防止用のL形車両ガイド(62項に説明図)

# 57 フェイルセーフの徹底

## 事故が起きることを前提にした設計思想

フェイルセーフとは、事故が発生した場合に必ず安全側に導く設計思想です。鉄道は初期の段階からこの思想を取り入れ、ブレーキや信号のシステムはフェイルセーフに基づいて設計されてきました。たとえば走行中に連結器が外れて列車が分離してしまった場合、連結部に渡してある空気ホースが破れるか電線が切れて、自動的に非常ブレーキがかかる仕組みになっています。信号はレールに通る信号電流が断たれると赤信号になり、新幹線の場合はATCが非常ブレーキをかけるように動作します。

新幹線のブレーキは電気ブレーキが主体で、これはフェイルセーフのシステムではありません。電線が突然切れたらブレーキはかからないからです。そこで空気ブレーキが常にバックアップし、電気ブレーキに異常があればすぐに肩代わりします。しかし新幹線の空気ブレーキには制御する要素があり完全なフェイルセーフではありません。そこで緊急ブレーキと呼ぶ別系統の空気ブレーキがあって、いざという時はフェイルセーフのブレーキが最後の砦として機能するようになっています。

このようにフェイルセーフを徹底していますが、物理的にフェイルセーフにできないものもあります。その代表が26項で説明した車軸の件で、車軸が折れてしまったらそれでおしまい、安全側もへちまもありません。しかし車軸が突然折れることはなく、予兆を見付け出すことが可能です。車両の定期検査においては超音波探傷により車軸の傷の有無を判定し、怪しい車軸は惜しげもなく廃棄処分にしています。

フェイルセーフは事故が起きることを前提にした設計思想です。事故を起こす要素が複雑に絡み合う場合は、フェイルセーフの徹底がたいへん重要です。一方、事故が起きては取り返しがつかない場合、フェイルセーフを差し挟む余地がない場合には、別の予防策が必要になります。

**要点BOX**

- 事故が起きたら安全側に導く考え方
- 複雑なシステムの安全を守る最後の砦
- フェイルセーフにできない場合の対処も必要

## 列車のブレーキのフェイルセーフ

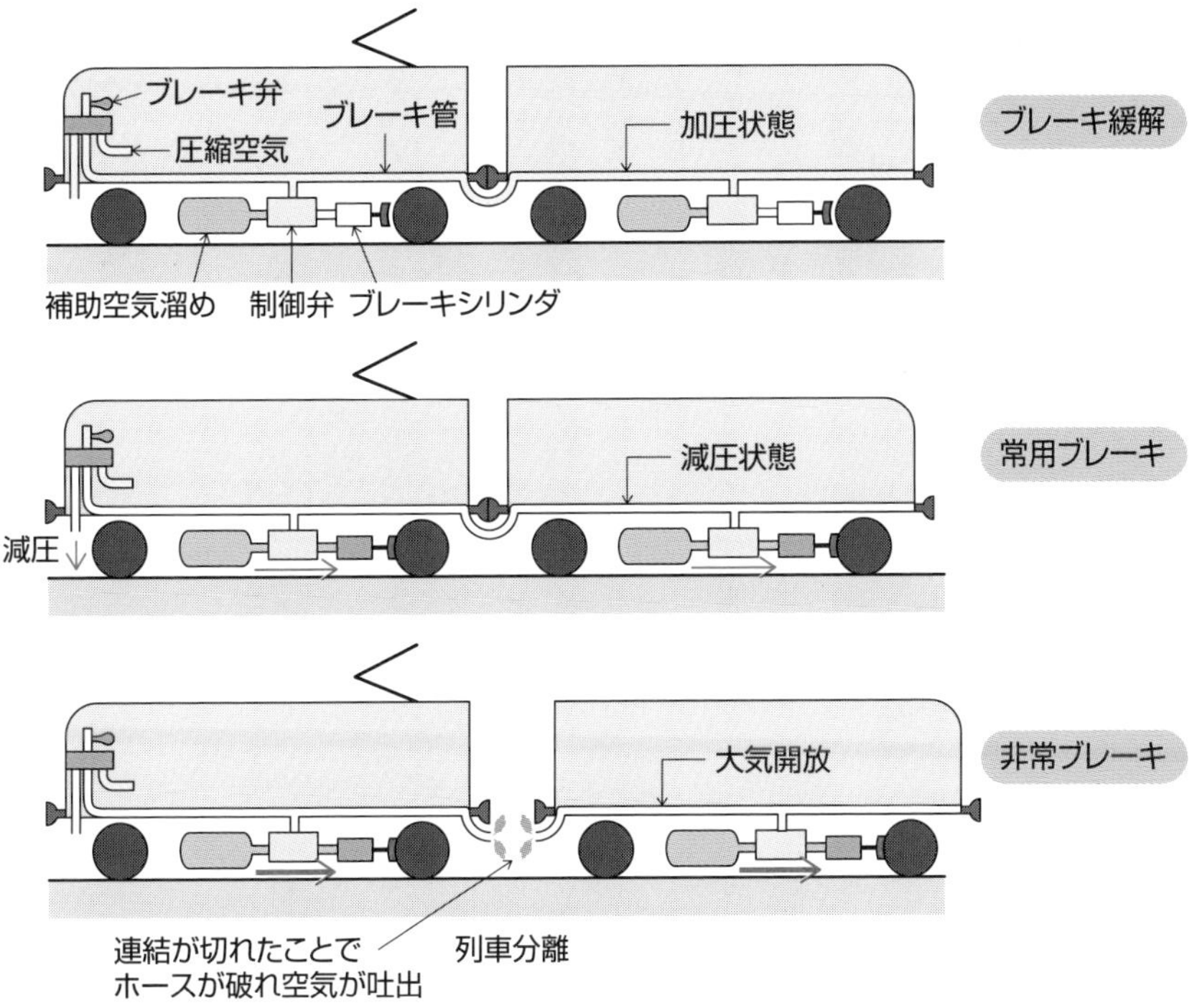


## 信号のフェイルセーフ

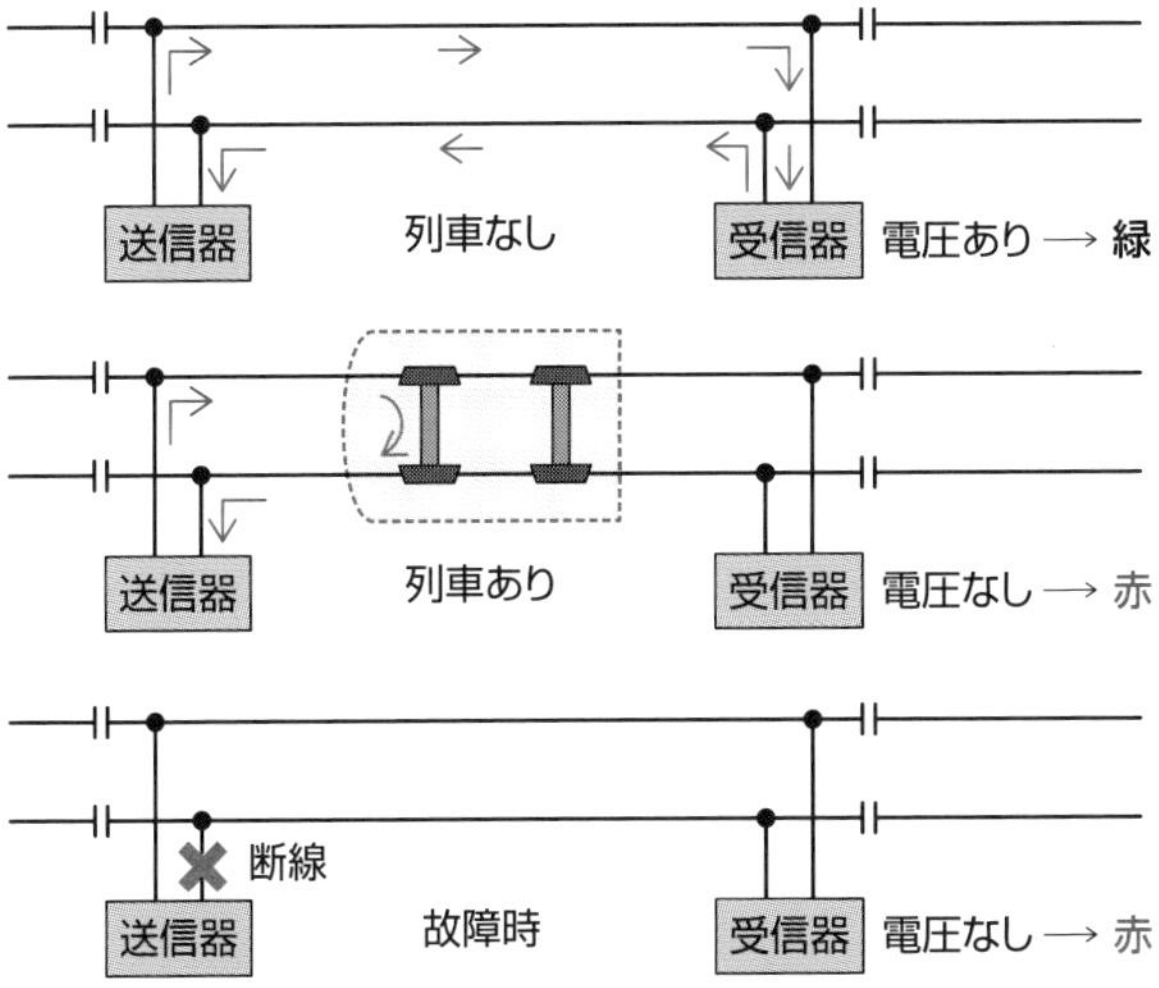

# 58 ヒューマンエラーの撲滅

## 人間は見落としたり忘れたりするもの

人間は見落としたり忘れたりするものです。日本の鉄道では信号を確認したり、線路を横断する時に指差喚呼《しさかんこ》を徹底しています。目で見るだけではなく、指を差し、声に出し、それを自分の耳で聞くことにより、見落としや間違いを防いでいるのです。もちろん新幹線の現場でも指差換呼を行っています。これは個人が実践する対策ですが、ヒューマンエラーを防ぐシステムもあります。

新幹線の車両基地では作業員が床下で作業します。複数のチームが並行して作業するので全体の状況を把握するのは困難で、作業が終わらないうちに車両を動かすとたいへん危険です。運転台から見える位置に移動禁止合図器という赤・白のランプがあり、それを点灯させる操作盤には複数の鍵穴があります。各作業チームのリーダーが持つ鍵でランプを赤にし、1チームでも作業が続いていると赤は解除されない仕組みになっています。

移動禁止合図器は車両基地だけでなく、乗客が利用するホームの上にもあります。終着駅での折返し時間に清掃作業をする時、作業チームのリーダーが自分の鍵でランプの点灯を切り替える操作を見ることができます。仮に運転台でATCの車内信号が出発を表示しても、ランプが赤のままで発車することはできません。これは一例にすぎませんが、乗客の安全だけでなく、乗務員や作業員の安全を保つシステムやルールが随所に取り入れられています。

車両基地の床下作業に話を戻すと、作業後の工具の置き忘れ（台車の上に置き忘れたスパナが高速走行中に落下することを想像してみてください）、コックやスイッチ類の戻し忘れ、床下機器のカバーの閉め忘れなど、本来の作業内容とは直接関係なく、注意していてもうっかりやってしまいがちなヒューマンエラーを撲滅するために、各車両基地では厳格なルールを設けて事故防止に取り組んでいます。

**要点BOX**

- 基本動作は指差喚呼の励行
- 見落としを防止するシステム
- うっかりを撲滅するルール

## ヒューマンエラー対策

### 移動禁止合図器

作業中を表示する

（1人でも作業中なら赤ランプは消えない）

### 指差喚呼

日本以外で行っているのは東アジアの国々。中国では人差し指と中指の2本指

（1本指だと人を差して喧嘩を売っているように見えるため）

### 工具管理

置き忘れを防ぐ

（工具がなければひと目でわかる）

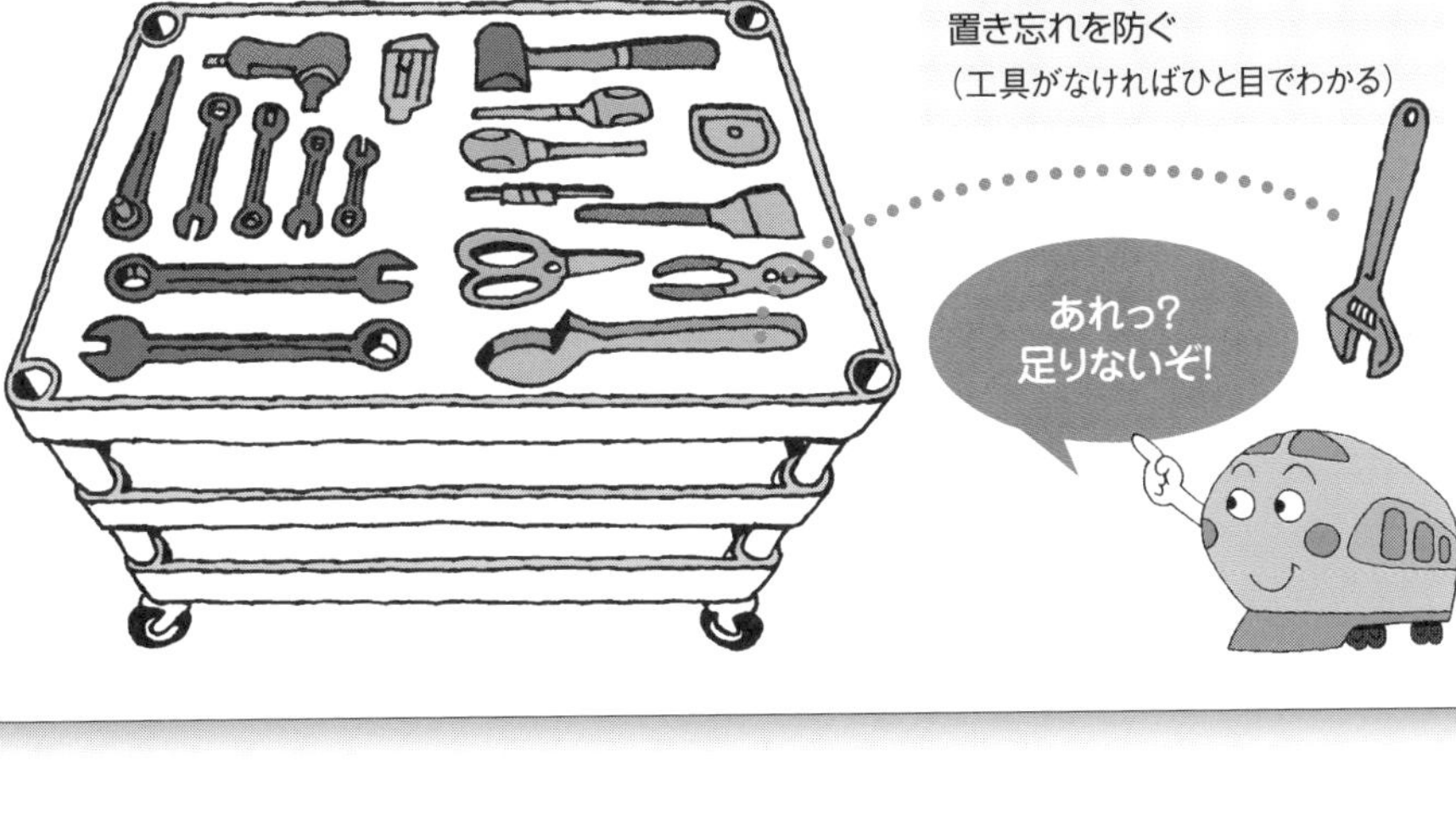

# 59 メンテナンスの重要性

## 深夜に実施される線路や電気の保守作業

新幹線は深夜24時から翌朝6時までは列車運行が設定されていません。その間は線路や電気設備のメンテナンスが行われます。その6時間のうち、現場までの移動や作業後の確認があるので、正味作業できるのは2～3時間しかありません。作業は多岐にわたりますが、レールの交換や架線の張り替えなど、大がかりな作業もあります。新幹線は大部分がスラブ軌道ですが、バラスト軌道では突き固めやバラスト交換など手間がかかる作業があります。

新幹線ではドクターイエローなどの愛称がある電気軌道総合試験車を定期的に走らせて、線路や電気設備の定期的な検測を行っています。夜のメンテナンス作業にはその検測結果が活用され、異常のある箇所を重点的に対応しています。そして作業後に資材や工具の置き忘れ防止などのために目視で入念にチェックしたうえ、始発列車が走り出す前に確認車と呼ばれる点検車両を走らせて万全を期しています。

メンテナンス作業が昼間できるのは車両くらいしかありません。48時間以内に行う仕業検査、30日または3万km走行以内に行う交番検査、18カ月または60万km走行以内に行う台車検査、36カ月または１２０万km走行以内に行う全般検査があり、それぞれ検査項目が決められており、消耗部品の交換なども行われます。台車・全般検査で機器を取り外して検査する場合は、検査済みの機器と交換して、車両が検査入場している期間を短縮しています。

これまで鉄道のメンテナンスの基本は、事後保全ではなく予防保全でした。安全の確保や正常な稼働状態を維持するには、定期的に検査・修繕を行うことが求められてきました。しかし、昨今では検測技術が進歩したり状態監視できる場合も増えてきて、効率的な予知保全に移行しつつあります。いずれにしても定期的なメンテナンス作業は必要で、安全を確保するうえでの重要性は変わりありません。

**要点BOX**

- ●限られた時間内での作業の繰り返し
- ●定期的に得られる検測データの活用
- ●検査済みの機器と交換して時間短縮

## 保線作業

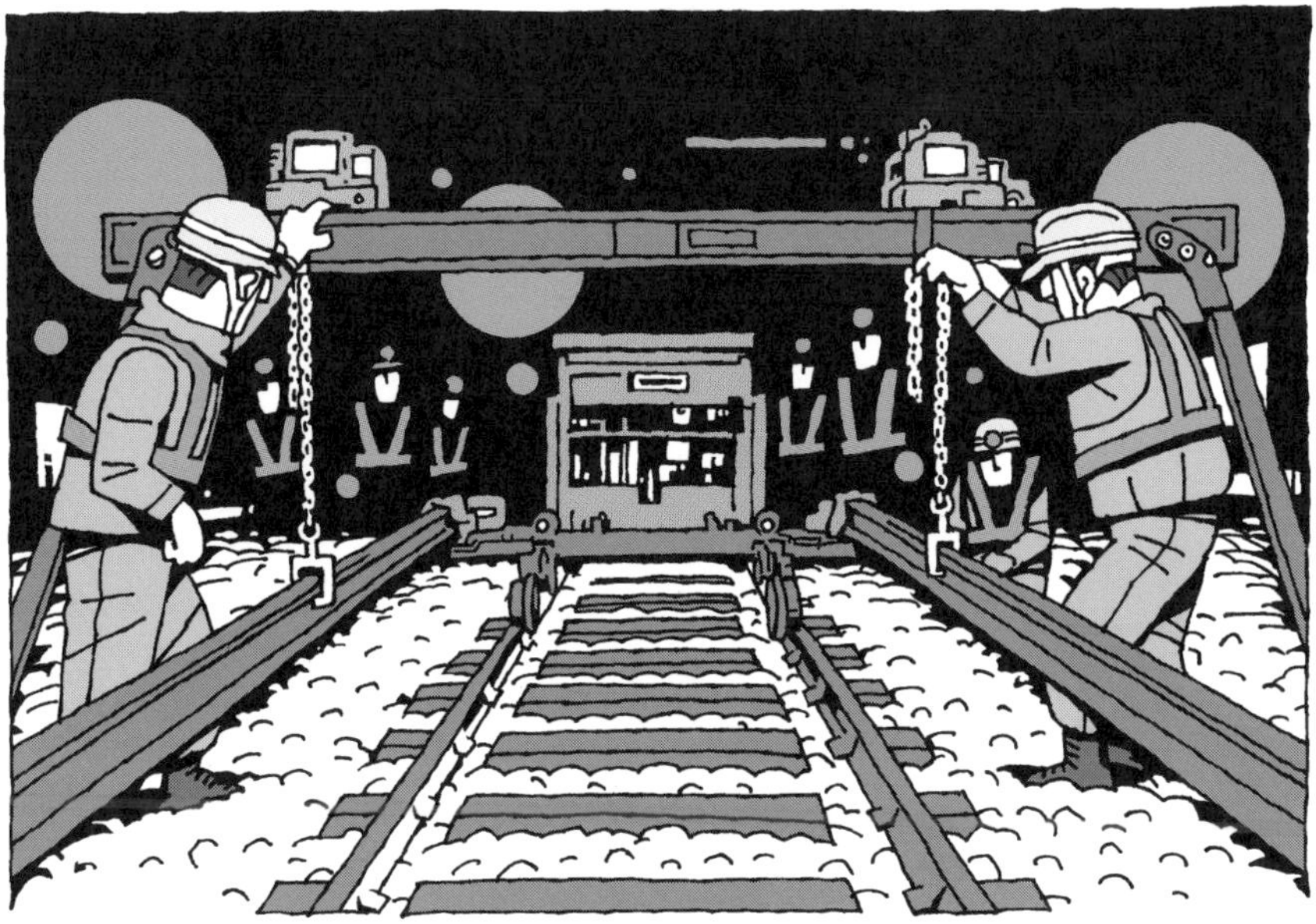

レール交換作業



## 車両検査

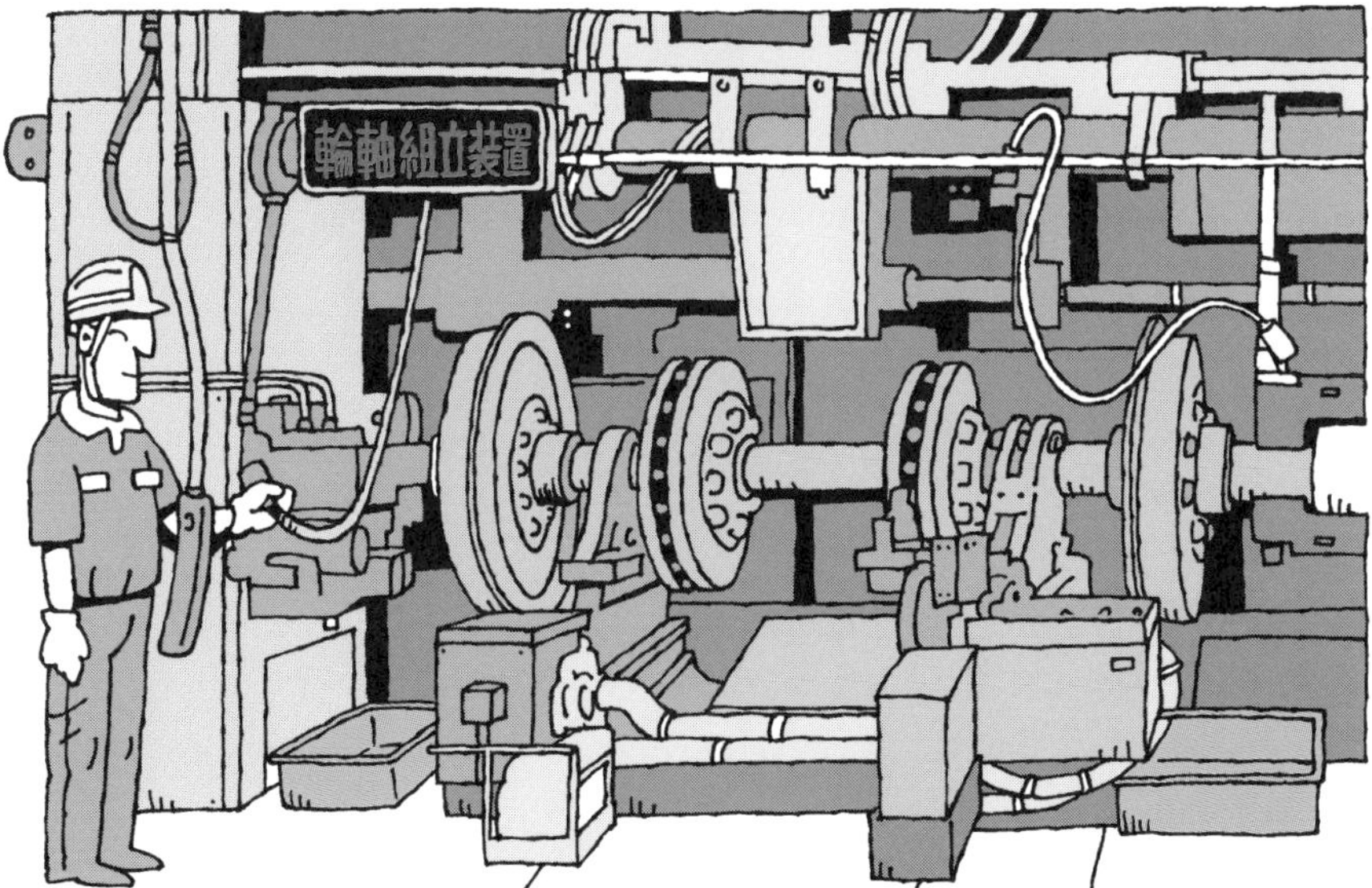


輪軸組立作業

# 60 阪神淡路大震災の教訓

## 崩落箇所に列車が突っ込めば大惨事に



1995年1月17日早朝5時46分頃、明石海峡を震源とするマグニチュード7・3、最大震度7の大地震が発生、兵庫県を中心に甚大な被害が発生し、犠牲者は6000人を超えました。鉄道も至る所で被害が発生して長期間不通となり、山陽新幹線では橋桁が8カ所で落下、高架橋の柱は700カ所以上で損傷を受けました。不幸中の幸いは地震発生が新幹線の始発前であったこと、6時の始発以降で列車が高速走行していたら、崩落箇所に列車が突っ込み100人単位の犠牲者が出ても不思議はないところでした。

新幹線の歴史上31年目に見舞われた災害ですが、地震でこれだけ甚大な被害が発生したのは初めてでした。高架橋の柱の損傷程度はいろいろで、ひび割れが生じたもの、座屈による破壊で鉄筋が変形し飛び出したもの、完全に破壊したものなどがありました。比較的損傷が少ない橋桁を元の位置までジャッキアップし、再度損傷しないように耐震性を考慮しながら柱を復旧しましたが、新大阪～姫路間の運転再開まで3カ月近くを要しました。

この大震災が契機となって、新幹線を含む全ての鉄道において、揺れても橋桁が落下しないよう桁受けを設けたり、高架橋の柱が損傷しないように鉄板を巻く補強工事が実施されました。特に高架橋の柱は日本全国に無数に存在するので時間とお金がかかり、高架下を店舗などに貸し出しているところではテナントの合意も必要で、根気のいる仕事でした。しかし、阪神淡路大震災から四半世紀が経過し、補強工事はほぼ完了しています。

このように大震災を教訓にして地道な対策を継続することにより、新幹線の橋梁や高架橋の耐震性は飛躍的に向上し、同等の地震に見舞われても構造物が崩壊する可能性は極めて低くなりました。次の大地震発生がまた早朝始発前など、新幹線にとって都合の良い時間であるはずがありません。

**要点BOX**

- ●早朝始発前に発生した不幸中の幸い
- ●高架橋の柱が破壊して鉄筋が変形
- ●柱に鉄板を巻く耐震補強を全国展開

阪神淡路大震災

橋桁の落下と柱の損傷

柱の補強工事

地震の揺れで柱が座屈しないよう鉄板を巻いて補強 （2019年、西大井～品川）

# 61 新潟県中越地震の教訓

## 時速２００㎞で走行中の列車が脱線

２００４年10月23日17時56分頃、新潟県中越地方を震源とするマグニチュード６・８、最大震度７の大地震が発生しました。上越新幹線・浦佐《うらさ》～長岡間を時速約２００㎞で走行中の２００系「とき325号」は、大きな揺れとともに非常ブレーキが作動、10両編成中８両が脱線しましたが、連結を保持したまま線路から大きく逸脱せずに停止、乗客・乗務員あわせて１５４名に死傷者はありませんでした。新幹線40年の歴史上、地震で脱線したのは初めてでした。

直下型地震であったため早期地震検知警報システムの出番はなく、重力加速度を超える強い縦揺れと横揺れのために脱線が発生したものと考えられます。10両編成の20台車中12台車、40軸中22軸が脱線しましたが、進行方向の左右両側に脱線していました。高速走行中に脱線したものの線路から大きく逸脱することなく停止しましたが、最後部の1両は進行方向右側の車輪を融雪排水溝に落とし、対向線路側に大きく傾いて停止しました。

調査によると脱線した車輪と排障器あるいは歯車箱がレールを挟んだ状態になっていて、それが線路からの逸脱を防ぐ役目をしたことがわかりました。また２００系は、28項で説明したように着雪防止対策としてボディマウント構造を採用しており、飛行機が胴体着陸するようにレール上を滑走したこともわかりました。しかし、右側に大きく傾いた最後部に対向列車が衝突していれば大惨事になったところで、対向列車がなかったことは不幸中の幸いでした。

新幹線を含めて鉄のレールと車輪で走る鉄道は、重力加速度を超える揺れに襲われれば脱線の可能性があります。２０１６年４月14日に発生した熊本地震では、時速約78㎞で走行中の回送列車６両編成の全ての車両が脱線しました。次項では、この上越新幹線の脱線事故を教訓にして講じられた線路から逸脱しない対策をいくつかご紹介します。

**要点BOX**

- ●脱線しても線路から大きく逸脱しなかった
- ●右側へ大きく傾いた最後部の1両
- ●対向列車がやって来なかった不幸中の幸い

## 新潟県中越地震

脱線した200系「とき325号」の最後部。対向線路側に大きく傾いて停止

出典:国土交通省「鉄道の防災・減災対策」2019年

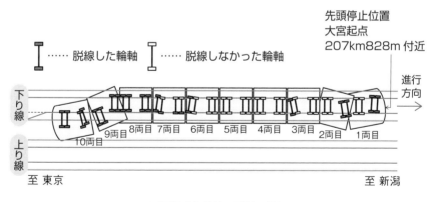


10両編成各輪軸の脱線の状況

出典:航空・鉄道事故調査委員会「鉄道事故調査報告書RA2007-8」を参考に作成

# 62 東日本大震災で対策効果を立証

## 物理的に完全防止できない地震による脱線

新潟県中越地震における上越新幹線の脱線事故を教訓に、脱線しても線路から逸脱しない対策が各新幹線に施されています。まず上越・北陸・東北・北海道新幹線では、台車の軸箱の下にL形車両ガイドを取り付け、脱線するとレールに沿って台車を案内し、逸脱防止を狙いました。地上側では、レールの転倒を防止したり、レール継目にガイドが激突しない対策も合わせて行っています。

東海道・九州新幹線では主に地上側の対策で、レール面より少し高い位置に脱線防止ガードを設け、脱線を積極的に防止しています。それでも脱線した場合は大きく逸脱しないよう、台車中央部に逸脱防止ストッパを設けています。大半がスラブ軌道の山陽新幹線では脱線防止ガードの代わりに、線路の中央に梯子状の逸脱防止ガードを設け、脱線した車輪を案内して大きな逸脱を防止しています。

これらの対策には一長一短があり、どれが一番と簡単な評価はできません。脱線を積極的に防ぐ意味では脱線防止ガードですが、保線作業がやりにくくなり、全線への設置まで時間がかかります。それでも東海道新幹線で採用したのは、東海地震が迫っていること、上下線間距離が他の新幹線より０・１ｍ狭いこと、頻繁運転で脱線した列車に対向列車がさしかかる確率が高いことなどが考えられます。

L形車両ガイドは車両側の対策なので地上側より短時間に完了できました。そして2011年3月11日14時46分頃、牡鹿《おじか》半島の東南東沖１３０㎞を震源とするマグニチュード９・０、最大震度7の東日本大震災が発生、仙台駅付近を時速約72㎞で走行中の試運転列車10両編成の4両目の2軸が脱線しましたが、L形車両ガイドが機能して逸脱を免れました。高架橋の柱も補強工事を済ませた箇所は損傷せず、架線柱の倒壊を新たな課題として対策に取り組みました。安全確保への努力はこれからも続きます。

**要点BOX**
- ●線路からの逸脱を防ぐL形車両ガイド
- ●積極的に脱線を防ぐ脱線防止ガード
- ●実際の地震で立証された逸脱防止対策

## L形車両ガイド

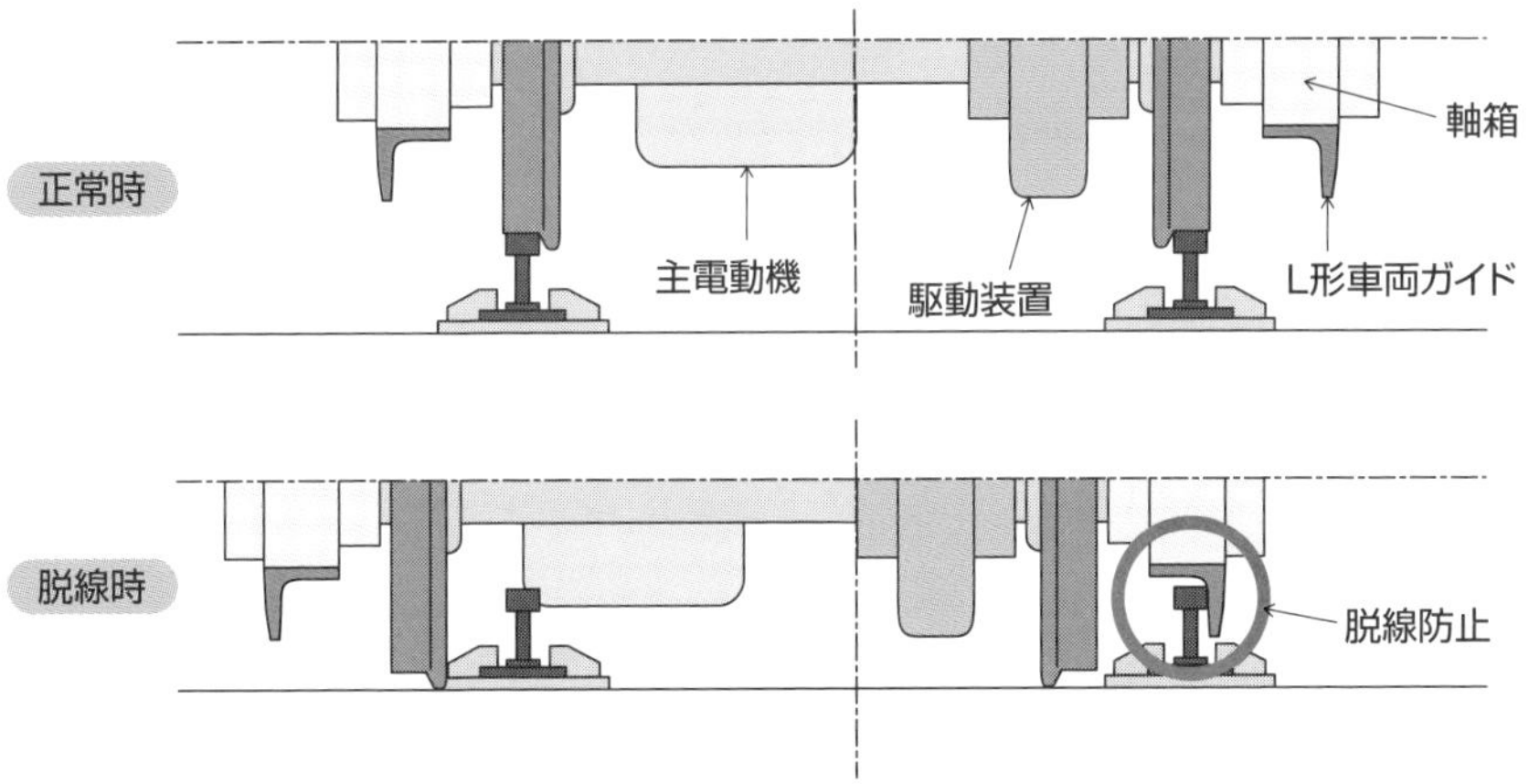


## 脱線防止ガード

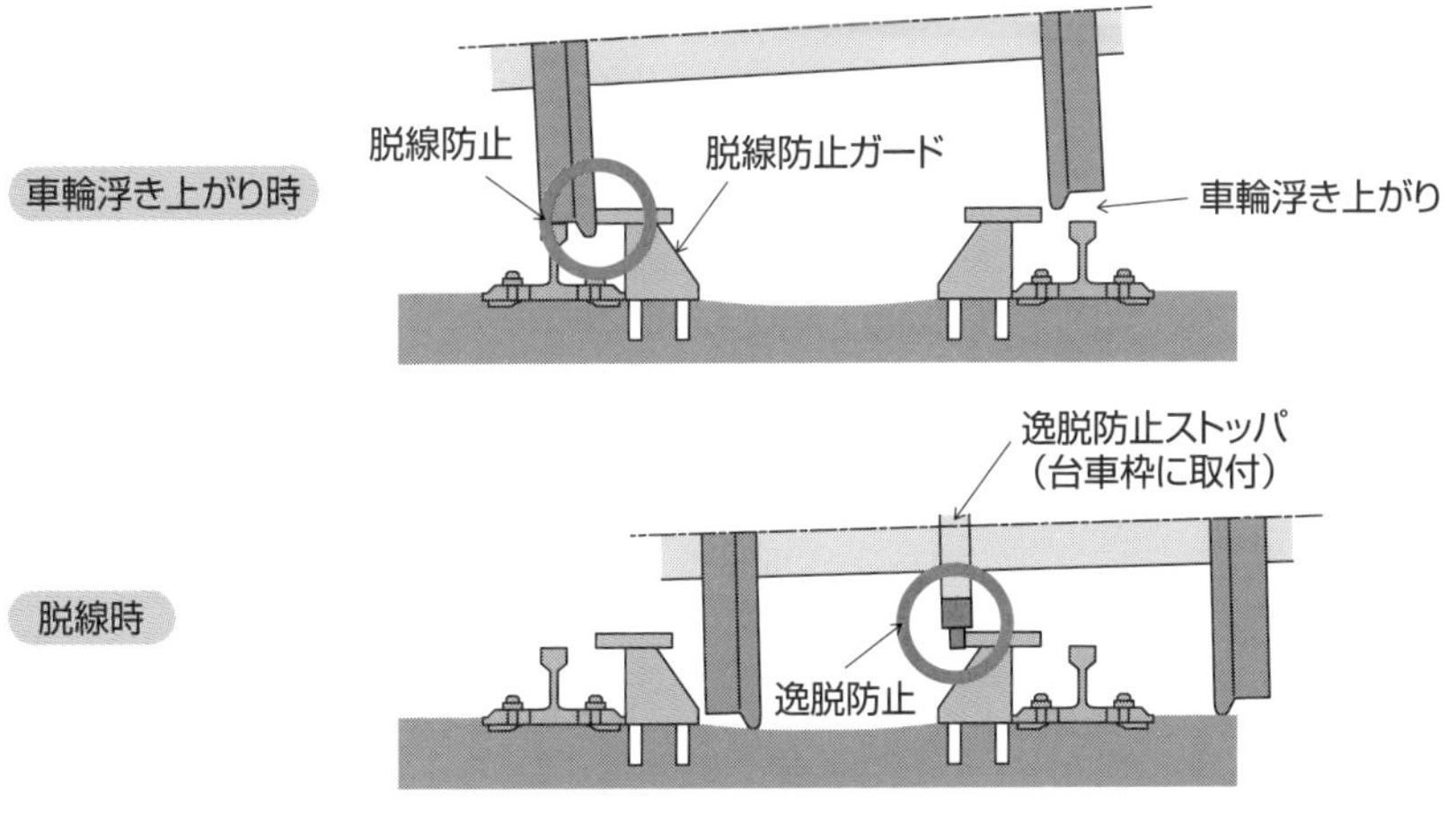


## 逸脱防止ガード

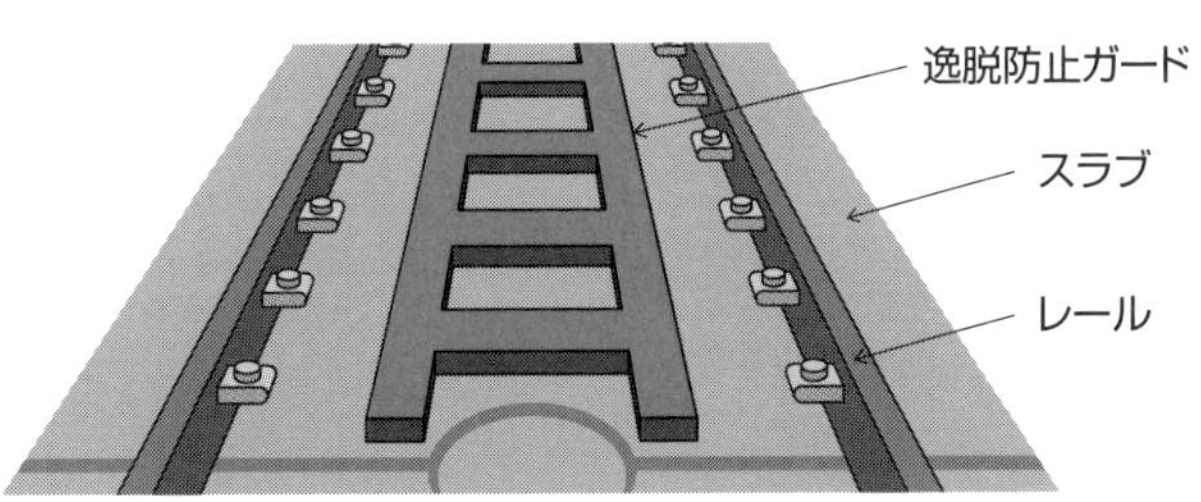

Column

# 新幹線の海外展開に向けて

新幹線海外展開の実績としては、5章末コラムで取り上げた台湾高速鐵道（車両・信号システムなど）、車両だけ（技術移転を含む）ならば中国があります。これまで調査レベルまで具体化した案件はいくつもありますが、経済的・政治的な理由などで流れてしまいました。現在進行中なのは、インドで建設中のムンバイ〜アーメダバード間約500㎞、アメリカで国内法規をクリアしたダラス〜ヒューストン間約380㎞などです。

新たな案件が決まりかけるたびに「世界一の新幹線技術を○○国が採用」などと報道されますが、実際はそのように単純な話ではありません。鉄道は土着の交通機関、自然環境や社会的な位置付けをはじめ、国内法規や適用規格によって導入できるシステムは変わります。近年、日本の鉄道システムを丸ごと輸出しようとする動きがありますが、そのやり方が通用するのは地球上ごく限られた地域と見ていいでしょう。

著者は本書出版前の5年間はインドに住み、建設中のメトロの車両コンサルタントを務めていました。インド人へのプレゼンの場で「日本はこの方法で成功しています」などと説明しても、彼らは聞く耳を持ちません。なぜ成功したか論理的説明が求められ、インドや諸外国の例と比較しながら、インドの物差しで日本優位であることを論破しない限り、インド人が首を斜め横に振ること（OKの意思表示）はありません。

日本人からは「日本の鉄道技術は世界一ですか?」と質問されることがあります。その時は「世界一の要素技術をたくさん持っています」と答えています。日本でうまくいっているからといって、その技術をそのまま外国に持ち込んでうまくいくとは限らないからです。それでだめな場合はどのようにカスタマイズして解決するか、きちんと提案できなければ日本の鉄道技術（者）は世界一とはいえません。

鉄道技術の観点で海外展開を考える時、人材不足が大きな問題です。海外では新しい鉄道が計画されると、多国籍のコンサルタント集団が組織され、入札支援業務に携わります。しかし、日本国内には鉄道コンサルタントという職業がないに等しく、還暦を過ぎた著者が若手と言われる現実があります。専門分野に精通したうえ海外の鉄道に対する知見を有し、応札者としがらみのない鉄道コンサルタントを育成することが、海外展開を促進するうえで急務です。

# おわりに

新幹線技術の高度な内容に最後までおつきあいいただき、ありがとうございます。書名の通りトコトンやさしく解説したつもりですが、難解な部分が残っていたとすればひとえに著者の力不足であり、お詫び申し上げます。それでも読者が「なるほど、そういうことか」と感じてくださったことが1つでもあれば嬉しいです。

著者は職業として鉄道車両に関わるようになってから、ちょうど40年が経過しました。その間には新幹線車両に搭載される機器を設計したこともありますが、その車両は既に博物館入りしており、歳月の長さを痛感いたします。執筆を通して悲喜こもごもの思い出が、走馬灯のように浮かんできました。本書は幅広い読者にご覧いただきたいですが、特に中学生から大学生にかけての若者が、本書との出会いをきっかけに鉄道技術者への道を志してくれたら、それは著者にとってこの上ない喜びです。

執筆に際して、著者が専門外の内容については業界内の知己、専門家にご教示いただきました。ご多忙中に懇切に助言をくださった関係各位に衷心より謝意を表します。また出版に際して企画立案、また編集にご尽力いただいた日刊工業新聞社の書籍編集部の方々、そしてデザインやイラストで本書の完成度を高めてくださった各位に深く感謝申し上げます。

2021年5月

辻村　功

# 全国新幹線路線図

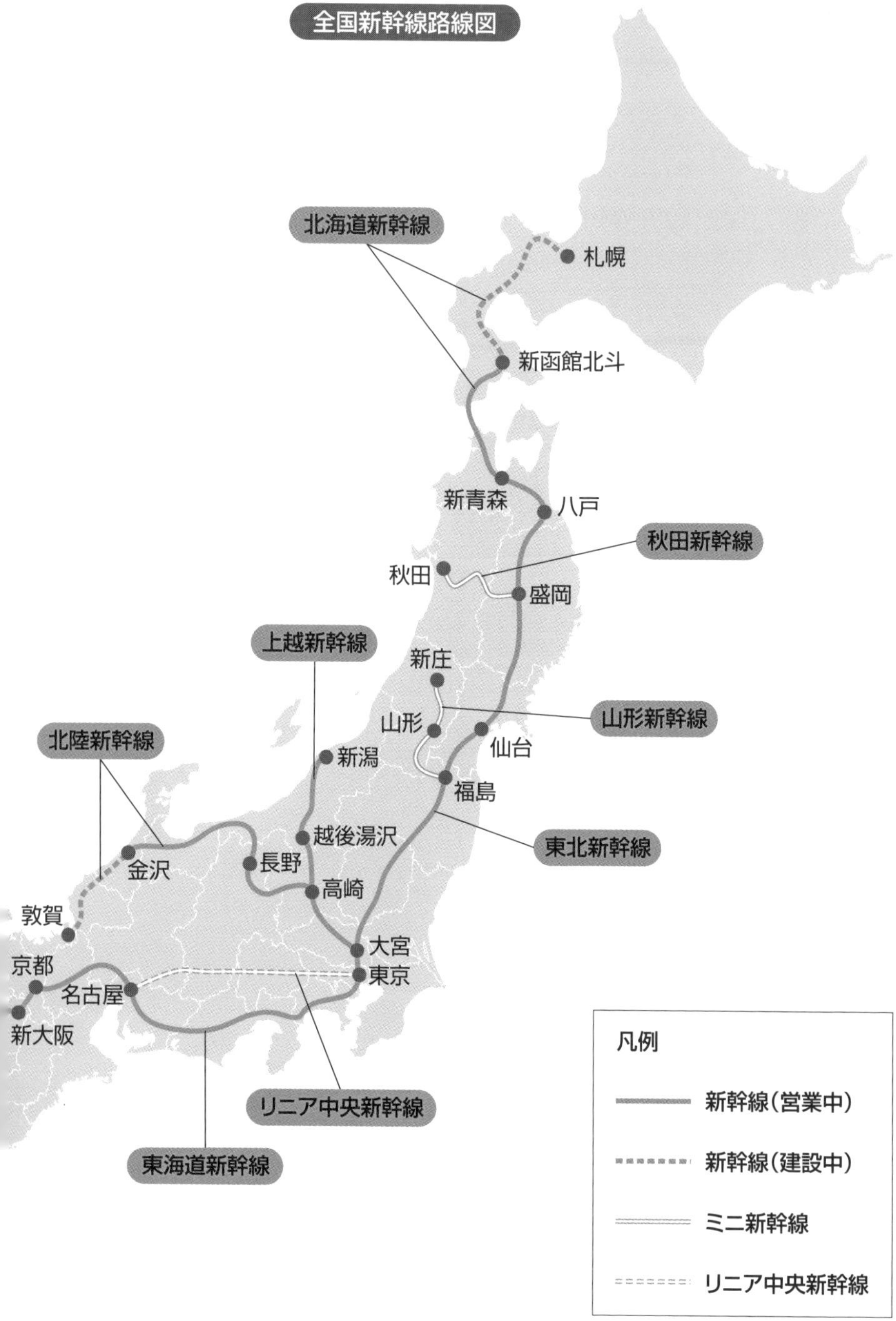
北海道新幹線
札幌
新函館北斗
新青森
八戸
秋田新幹線
秋田
盛岡
上越新幹線
新庄
山形
山形新幹線
仙台
北陸新幹線
新潟
福島
越後湯沢
東北新幹線
金沢
長野
高崎
敦賀
大宮
京都
東京
名古屋
新大阪
リニア中央新幹線
東海道新幹線
凡例
新幹線(営業中)
新幹線(建設中)
ミニ新幹線
リニア中央新幹線

## 全国新幹線一覧表

| 分類 | 路線名 | 区間 | 開通年 | 全通年 | 実キロ | 営業キロ | 実キロ合計 |
|---|---|---|---|---|---|---|---|
| 営業中 | 東海道新幹線 | 東京～新大阪 | 1964年 | 1964年 | 515.4km | 552.6km | 2764.6km |
| | 山陽新幹線 | 新大阪～博多 | 1972年 | 1975年 | 553.7km | 622.3km | |
| | 九州新幹線 | 博多～鹿児島中央 | 2004年 | 2011年 | 256.8km | 288.9km | |
| | 東北新幹線 | 東京～新青森 | 1982年 | 2010年 | 674.9km | 713.7km | |
| | 上越新幹線 | 大宮～新潟 | 1982年 | 1982年 | 269.5km | 303.6km | |
| | 北陸新幹線 | 高崎～金沢 | 1997年 | 2015年 | 345.5km | 345.5km | |
| | 北海道新幹線 | 新青森～新函館北斗 | 2016年 | 2016年 | 148.8km | 148.8km | |
| 建設中 | 西九州新幹線 | 武雄温泉～長崎 | 未開通 | — | 66.0km | — | 402.7km |
| | 北陸新幹線 | 金沢～敦賀 | 未開通 | — | 125.2km | — | |
| | 北海道新幹線 | 新函館北斗～札幌 | 未開通 | — | 211.5km | — | |
| | リニア中央新幹線 | 品川～名古屋 | 未開通 | — | 285.6km | — | 285.6km |
| ミニ新幹線 | 山形新幹線 | 福島～新庄 | 1992年 | 1999年 | 148.6km | 148.6km | 275.9km |
| | 秋田新幹線 | 盛岡～秋田 | 1997年 | 1997年 | 127.3km | 127.3km | |
| 関連路線 | 博多南線 | 博多～博多南 | 1990年 | 1990年 | 8.5km | 8.5km | 10.3km |
| | 上越支線 | 越後湯沢～ガーラ湯沢 | 1990年 | 1990年 | 1.8km | 1.8km | |

*実キロとは実際の距離のこと
*営業キロとは在来線と距離を合わせて運賃を同額にするために設けたキロ程
*営業キロに含まれる岩徳線と田沢湖線は地方交通線（運賃が割高）であるため、運賃計算キロは山陽新幹線が626.7km、秋田新幹線が134.9km
*山形新幹線、秋田新幹線、博多南瀬、上越支線は新幹線車両で運行するが在来線扱い

## 新幹線車両諸元表　2

| 200系 | E2系 | 車両形式 | E5・H5系 | E7・W7系 |
|---|---|---|---|---|
| 東北・上越 | 北陸・東北・上越 | 運転線区 | 東北・北海道 | 北陸・上越 |
| 交流25kV 50Hz | 交流25kV 50/60・50Hz | 電気方式 | 交流25kV 50Hz | 交流25kV 50/60Hz |
| 16・13・12・10・8両 | 8・10両 | 編成両数 | 10両 | 12両 |
| 14M2T・12M1T・全M | 6M2T・8M2T | 編成MT比 | 8M2T | 10M2T |
| 16t | 13t | 最大軸重 | 13t | 13t |
| 210→240・275km/h | 260・275km/h | 最高運転速度 | 320km/h | 260km/h |
| 1.6km/h/s | 1.6km/h/s | 起動加速度 | 1.7km/h/s | 1.6km/h/s |
| サイリスタ位相制御 | VVVFインバータ制御 | 制御方式 | VVVFインバータ制御 | VVVFインバータ制御 |
| 直流直巻電動機 | 三相誘導電動機 | 主電動機 | 三相誘導電動機 | 三相誘導電動機 |
| 230kW | 300kW | 主電動機出力 | 300kW | 300kW |
| 電気指令式 | 電気指令式 | ブレーキ制御 | 電気指令式 | 電気指令式 |
| 発電 | 回生 | 電気ブレーキ | 回生 | 回生 |
| 車輪・車軸ディスク | 車輪・車軸ディスク | 基礎ブレーキ | 車輪・車軸ディスク | 車輪・車軸ディスク |
| ダイレクトマウント式 | ボルスタレス式 | 台車 | ボルスタレス式 | ボルスタレス式 |
| 2500mm | 2500mm | 軸距 | 2500mm | 2500mm |
| 910mm（新品） | 860mm（新品） | 車輪径 | 860mm（新品） | 860mm（新品） |
| 2.17 | 3.04 | 歯車比 | 2.645 | 3.04 |
| 下枠交差 | 下枠交差・シングルアーム | 集電装置 | シングルアーム | シングルアーム |
| アルミ（ボディマウント） | アルミ（押出形材） | 車体材料 | アルミ（中空押出形材） | アルミ（中空押出形材） |
| 3380mm | 3380mm | 車体幅 | 3350mm | 3380mm |
| 4000mm・4490mm（2階） | 3700mm | 車体高さ | 3650mm | 3650mm |
| 25000mm | 25000mm | 連結面間長さ | 25000mm | 25000mm |
| 1980年 | 1995年 | 製造初年 | 2009年 | 2013年 |
| 2013年 | 現役（北陸は2017年） | 運転終了年 | 現役 | 現役 |
| T車は2階建て<br>長野五輪で60Hz対応に改造した編成が長野乗入れ | 1000番台は、中国CRH2のベース、車体材料は中空押出形材 | 備考 | インド高速鉄道のベース | |

| E3系 | E6系 | 車両形式 | E1系 | E4系 |
|---|---|---|---|---|
| 東北・秋田・山形 | 東北・秋田 | 運転線区 | 東北・上越 | 東北・上越 |
| 交流25/20kV 50Hz | 交流25/20kV 50Hz | 電気方式 | 交流25kV 50Hz | 交流25kV 50Hz |
| 6両・7両 | 7両 | 編成両数 | 12両 | 8両 |
| 4M2T・5M2T | 5M2T | 編成MT比 | 6M6T | 4M4T |
| 13t | 12t | 最大軸重 | 17t | 16t |
| 275km/h | 320km/h | 最高運転速度 | 240km/h | 240km/h |
| 1.6km/h/s | 1.7km/h/s | 起動加速度 | 1.6km/h/s | 1.65km/h/s |
| VVVFインバータ制御 | VVVFインバータ制御 | 制御方式 | VVVFインバータ制御 | VVVFインバータ制御 |
| 三相誘導電動機 | 三相誘導電動機 | 主電動機 | 三相誘導電動機 | 三相誘導電動機 |
| 300kW | 300kW | 主電動機出力 | 410kW | 420kW |
| 電気指令式 | 電気指令式 | ブレーキ制御 | 電気指令式 | 電気指令式 |
| 回生 | 回生 | 電気ブレーキ | 回生 | 回生 |
| 車輪・車軸ディスク | 車輪・車軸ディスク | 基礎ブレーキ | 車輪・車軸ディスク | 車輪・車軸ディスク |
| ボルスタレス式 | ボルスタレス式 | 台車 | ボルスタレス式 | ボルスタレス式 |
| 2250mm | 2500mm | 軸距 | 2500mm | 2500mm |
| 860mm（新品） | 860mm（新品） | 車輪径 | 910mm（新品） | 910mm（新品） |
| 3.04 | 2.645 | 歯車比 | 3.04 | 3.615 |
| シングルアーム | シングルアーム | 集電装置 | 下枠交差 | 下枠交差 |
| アルミ（押出形材） | アルミ（中空押出形材） | 車体材料 | 普通鋼 | アルミ（押出形材） |
| 2945mm | 2945mm | 車体幅 | 3430mm | 3380mm |
| 4080mm | 3650mm | 車体高さ | 4493mm | 4485mm |
| 20500mm | 20500mm | 連結面間長さ | 25000mm | 25000mm |
| 1995年 | 2010年 | 製造初年 | 1994年 | 1997年 |
| 現役（秋田は2017年） | 現役 | 運転終了年 | 2012年 | 2021年 予定 |
| 秋田・山形乗入れ<br>現美新幹線（終了）は上越 | 秋田乗入れ | 備考 | 全車2階建て<br>計画中の車両形式は600系 | 全車2階建て<br>2本併結して16両編成 |

## 新幹線車両諸元表　1

| 0系 | 100系 | 車両形式 | 300系 | 500系 |
|---|---|---|---|---|
| 東海道·山陽 | 東海道·山陽 | 運転線区 | 東海道·山陽 | 東海道·山陽 |
| 交流25kV 60Hz | 交流25kV 60Hz | 電気方式 | 交流25kV 60Hz | 交流25kV 60Hz |
| 16·12·8·6·4両 | 16·12·6·4両 | 編成両数 | 16両 | 16→8両 |
| 全M | 12M4T·10M2T·全M | 編成MT比 | 10M6T | 全M |
| 16t | 15t | 最大軸重 | 12t | 12t |
| 210→220km/h | 220·230km/h | 最高運転速度 | 270km/h | 300km/h |
| 1.0→1.2km/h/s | 1.6km/h/s | 起動加速度 | 1.6km/h/s | 1.6km/h/s |
| 低圧タップ制御 | サイリスタ位相制御 | 制御方式 | VVVFインバータ制御 | VVVFインバータ制御 |
| 直流直巻電動機 | 直流直巻電動機 | 主電動機 | 三相誘導電動機 | 三相誘導電動機 |
| 185→220kW | 230kW | 主電動機出力 | 300kW | 285kW |
| 電磁直通式 | 電気指令式 | ブレーキ制御 | 電気指令式 | 電気指令式 |
| 発電 | 発電·渦電流 | 電気ブレーキ | 回生·渦電流 | 回生 |
| 車輪ディスク | 車輪ディスク | 基礎ブレーキ | 車輪ディスク | 車輪ディスク |
| ダイレクトマウント式 | ダイレクトマウント式 | 台車 | ボルスタレス式 | ボルスタレス式 |
| 2500mm | 2500mm | 軸距 | 2500mm | 2500mm |
| 910mm(新品) | 910mm(新品) | 車輪径 | 860mm(新品) | 860mm(新品) |
| 2.17 | 2.41 | 歯車比 | 2.96 | 2.79 |
| 下枠交差 | 下枠交差 | 集電装置 | 下枠交差 | 翼型→シングルアーム |
| 普通鋼 | 普通鋼 | 車体材料 | アルミ(押出形材) | アルミ(ハニカム構造) |
| 3380mm | 3380mm | 車体幅 | 3380mm | 3380mm |
| 3975mm | 4000mm·4490mm(2階) | 車体高さ | 3600mm | 3690mm |
| 25000mm | 25000mm | 連結面間長さ | 25000mm | 25000mm |
| 1964年 | 1985年 | 製造初年 | 1990年 | 1996年 |
| 2008年 | 2012年 | 運転終了年 | 2012年 | 現役(東海道は2010年) |
| 新幹線初の営業車両<br>改良しながら進化<br>製造最終年は1986年 | T車のうち2両または<br>4両は2階建て | 備考 | 新幹線初の<br>VVVFインバータ制御車 | 円形に近い車体断面 |



| 700系 | N700系 | 車両形式 | 800系 | 400系 |
|---|---|---|---|---|
| 東海道·山陽 | 東海道·山陽·九州 | 運転線区 | 九州 | 東北·山形 |
| 交流25kV 60Hz | 交流25kV 60Hz | 電気方式 | 交流25kV 60Hz | 交流25/20kV 50Hz |
| 16·8両 | 16·8両 | 編成両数 | 6両 | 6→7両 |
| 12M4T·6M2T | 14M2T·8M | 編成MT比 | 6M | 全M→6M1T |
| 12t | 12t | 最大軸重 | 12t | 13t |
| 285km/h | 300km/h | 最高運転速度 | 260km/h | 240km/h |
| 2.0km/h/s | 2.6km/h/s | 起動加速度 | 2.5km/h/s | 1.6km/h/s |
| VVVFインバータ制御 | VVVFインバータ制御 | 制御方式 | VVVFインバータ制御 | サイリスタ位相制御 |
| 三相誘導電動機 | 三相誘導電動機 | 主電動機 | 三相誘導電動機 | 直流直巻電動機 |
| 275kW | 305kW | 主電動機出力 | 275kW | 210kW |
| 電気指令式 | 電気指令式 | ブレーキ制御 | 電気指令式 | 電気指令式 |
| 回生·渦電流 | 回生 | 電気ブレーキ | 回生 | 発電 |
| 車輪ディスク | 車輪·車軸ディスク | 基礎ブレーキ | 車輪ディスク | 車輪·車軸ディスク |
| ボルスタレス式 | ボルスタレス式 | 台車 | ボルスタレス式 | ボルスタレス式 |
| 2500mm | 2500mm | 軸距 | 2500mm | 2250mm |
| 860mm(新品) | 860mm(新品) | 車輪径 | 860mm(新品) | 860mm(新品) |
| 2.93·2.96·2.79 | 2.79 | 歯車比 | 2.79 | 2.7 |
| シングルアーム | シングルアーム | 集電装置 | シングルアーム | 下枠交差 |
| アルミ(中空押出形材) | アルミ(中空押出形材) | 車体材料 | アルミ(中空押出形材) | 普通鋼 |
| 3380mm | 3380mm | 車体幅 | 3380mm | 2945mm |
| 3650mm | 3600mm | 車体高さ | 3650mm | 3870mm |
| 25000mm | 25000mm | 連結面間長さ | 25000mm | 20500mm |
| 1997年 | 2005年 | 製造初年 | 2003年 | 1990年 |
| 現役(東海道は2020年) | 現役 | 運転終了年 | 現役 | 2010年 |
| 台湾高鐵700Tのベース | N700→N700A→N700S<br>と改良しながら進化 | 備考 |  | 山形乗入れ |

## 【参考文献】

赤野克利『新幹線のしくみ』（2010 年 12 月）新星出版社
岩沙克次 他『SHINKANSEN-The Half Century』（2015 年 7 月）交通協力会
遠藤　功『新幹線お掃除の天使たち』（2012 年 8 月）あさ出版
川添雄司『交流電気車両要論』（1971 年 12 月）電気車研究会
齋藤雅男『新幹線 安全神話はこうしてつくられた』（2006 年 9 月）日刊工業新聞社
佐藤芳彦『図解 TGV vs. 新幹線』（2008 年 10 月）講談社
曽根　悟『新幹線 50 年の技術史』（2014 年 4 月）講談社
高橋団吉『新幹線をつくった男』（2000 年 5 月）小学館
辻村　功『鉄道メカニズム探究』（2012 年 1 月）JTB パブリッシング
鉄道友の会『日本の食堂車』（2012 年 2 月）ネコパブリッシング
電気鉄道ハンドブック編集委員会 編『電気鉄道ハンドブック』（2007 年 2 月）コロナ社
東洋電機製造 100 年史編集委員会 編『東洋電機製造百年史』（2018 年 11 月）東洋電機製造株式会社
望月　旭『新幹線電車の技術の真髄』（2015 年 12 月）交通新聞社
羅　春暁『世界高速列車図鑑』（2020 年 4 月）中国鉄道出版社

池田靖忠「山陽新幹線高架橋, 橋りょうの復旧工事」『コンクリート工学』Vol.34 No.2（1996 年 2 月）日本コンクリート学会
岩本謙吾「台湾高速鉄道の概要」『電気学会誌』Vol.125 No.5（2005 年 5 月）電気学会
大塚秀昭「電車線路設備について（5）東海道新幹線の架線方式」『鉄道と電気技術』Vol.23 No.2（2012 年 2 月）日本鉄道電気技術協会
内外の高速鉄道技術の相違と特徴に関する調査専門委員会 編「国内外における高速鉄道技術」『電気学会技術報告』第 1303 号（2014 年 3 月）電気学会
樋田昌良、大宮正昭「新幹線鉄道騒音の対策とその効果」『電気学会誌』Vol.123 No.8（2003 年 8 月）電気学会

『軌間可変技術評価委員会の評価結果』（2018 年 3 月）国土交通省
『鉄道の防災・減災対策』（2019 年 3 月）国土交通省
『鉄道事故調査報告書』RA2007-8 上越新幹線列車脱線事故（2007 年 11 月）航空・鉄道事故調査委員会
『鉄道事故調査報告書』RA2013-1-1 東北新幹線列車脱線事故（2013 年 2 月）運輸安全委員会
『鉄道事故調査報告書』RA2017-8-2 九州新幹線列車脱線事故（2017 年 11 月）運輸安全委員会

『時刻表』バックナンバー　JTB パブリッシング
『車両技術』バックナンバー　鉄道車輌工業会
『中国鉄道時刻表』Vol.6（2020 年 12 月）中国鉄道時刻研究会
『鉄道車両と技術』バックナンバー　レールアンドテック出版
『鉄道ピクトリアル』No.849 特集トイレ（2011 年 6 月）電気車研究会

# 車両写真索引

## た



## な

# 索引

今日からモノ知りシリーズ
トコトンやさしい
**新幹線技術の本**

NDC 516

2021年 5月26日　初版1刷発行

©著者　辻村　功
発行者　井水 治博
発行所　日刊工業新聞社
東京都中央区日本橋小網町14-1
(郵便番号103-8548)
電話　編集部　03(5644)7490
販売部　03(5644)7410
FAX　03(5644)7400
振替口座　00190-2-186076
URL　https://pub.nikkan.co.jp/
e-mail　info@media.nikkan.co.jp
印刷・製本　新日本印刷(株)

●DESIGN STAFF
AD――――志岐滋行
表紙イラスト――――黒崎　玄
本文イラスト――――榊原唯幸
ブック・デザイン――――黒田陽子
(志岐デザイン事務所)

●
落丁・乱丁本はお取り替えいたします。
2021 Printed in Japan
ISBN　978-4-526-08144-6　C3034


●定価はカバーに表示してあります。

●著者略歴

**辻村　功**(つじむら・いさお)

1956(昭和31)年神奈川県生まれ。早稲田大学理工学部機械工学科卒業。電機メーカーにて鉄道車両用電気機器の設計業務およびエンジニアリング業務に従事。外資系の電機メーカーおよびブレーキメーカーを経て独立。2015年より5年間、インド国内で鉄道コンサルタントとして活躍。技術士(機械部門)。

●主な著書

『鉄道メカニズム探究』(島秀雄記念優秀著作賞受賞、2013年)JTBパブリッシング、2012年